PINGLIANG SHI GU SHENGWU HUASHI

平凉市古生物化石

主编 | 刘 龙

甘肃科学技术出版社

甘肃·兰州

图书在版编目（CIP）数据

平凉市古生物化石 / 刘龙主编. -- 兰州 : 甘肃科学技术出版社, 2024.5
ISBN 978-7-5424-3202-5

Ⅰ. ①平… Ⅱ. ①刘… Ⅲ. ①古生物-化石-研究-平凉 Ⅳ. ①Q911.724.23

中国国家版本馆CIP数据核字(2024)第107917号

平凉市古生物化石
PINGLIANG SHI GU SHENGWU HUASHI

刘　龙　主编

责任编辑　刘　钊
封面设计　刘晓箫

出　版　甘肃科学技术出版社
社　址　兰州市城关区曹家巷1号　730030
电　话　0931-2131570（编辑部）　0931-8773237（发行部）

发　行　甘肃科学技术出版社　　印　刷　甘肃鑫统印务有限责任公司
开　本　880毫米×1230毫米　1/8　　插　页　2　　印　张　18.75　　字　数　190千
版　次　2024年9月第1版
印　次　2024年9月第1次印刷
印　数　1~3 000
书　号　ISBN 978-7-5424-3202-5　　定　价　150.00元

编委会

主　　任：路　畅　　丁书宏

副 主 任：刘　龙　　段　凯　　陈国忠

主　　编：刘　龙

副 主 编：李鹏举　　金黎红　　吴　勇　　何杰锋

编　　委：杨宇辉　　段　凯　　刘晓箫　　师少华

马　涛　　鲁有朋　　欧宇隆　　张　星

王树宽　　段和平

编制单位：平凉市自然资源局、甘肃省地质矿产勘查开发局第三地质矿产勘查院

内容简介

平凉市位于甘肃东部，是古“丝绸之路”西出长安“第一城”，关中平原城市群的重要节点城市，素有“陇上旱码头”之称。平凉市古生物化石资源丰富，其化石组合中既有许多原始的、绝灭的类群，同时还包含了许多现代生物类群的代表或者与之亲缘关系较近的祖先。前者包括笔石、狼鳍鱼、苏铁杉等等；后者包括了真兽类、哺乳动物等等。为了进一步加强平凉市古生物化石的保护管理工作，向大众普及古生物化石的价值，本书着重介绍了平凉化石的重要类型、主要特征、保护管理等，让读者踏上远古生命的探秘之旅，领略古生物学的魅力。

本书可供广大地质学者、博物馆从业人员和古生物化石保护工作者参考，同时也可作为古生物化石宣传的科普素材。

前　言

化石是保存在岩石中的远古（一般指1万年以前）生物的遗体、遗迹和死亡后分解的有机分子，是古生物学研究的对象，是大自然留给人类的宝贵遗产。化石为研究地球的生命起源与演化提供了宝贵的依据，是划分和对比地层的标志，是恢复古地理和古环境的参数，也为寻找沉积矿产提供了线索。因此，化石与人类的生存和发展密切相关。研究化石，不仅有重要的理论意义，也具有重要的实际应用意义。

自20世纪60年代开始，平凉市境内就存在群众盗采滥挖古生物化石的现象，民众将采挖到的哺乳动物化石作为中药材“龙骨”贩卖，赚取经济利益，致使古生物化石资源遭受严重盗采，大量珍贵化石标本被损毁流失。近年来，甘肃省自然资源厅、平凉市委市政府高度重视化石保护工作，通过实施省级古生物化石保护专项资金项目，对平凉市古生物化石进行调查评价、保护规划、科普宣传等，采取了一些列保护措施，遏制了古生物化石盗采贩卖的扩大趋势。

本书作为一本科普宣传的图册，目的是让民众认识古生物化石，了解古生物化石保护的意义，宣传保护古生物化石的法律法规，以杜绝盗采盗挖古生物化石的现象，保护珍贵的化石资源和当地的生态环境。

本书首先以文字和图表的形式介绍平凉地区的化石资源，让读者对平凉的古生物化石有一个基本了解。之后，用较多

的图片配以简短的文字，展示各地质年代的重要化石类型，让读者对古生物化石有深切认识。最后，讲述了甘肃省自然资源厅、平凉市自然资源局和甘肃省地质矿产勘查开发局第三地质矿产勘查院在古生物化石保护方面所做的工作，以及与古生物化石保护相关的法律法规。

全书共9章，主编刘龙执笔第一、二、三、四、五、六章的地质背景及化石点分布概况、化石资源特征等内容，约5.8万字；由副主编李鹏举执笔第七、八、九章化石的发现记、产出层位、特征、科研价值等内容，约13.2万字；由金黎红 、吴勇、何杰锋等负责资料收集、图件绘制等内容。

化石保护任重而道远。2016年习近平总书记在致中国地质博物馆百年贺信中提出："科技创新、科学普及是创新发展的两翼。"作为化石保护的工作者，我们在不断探索化石保护和利用的新方式，如发展化石文化、文旅、文创产业，大力开展科普工作，通过化石进行环境保护和生态文明教育等。我们将不忘初心、不辱使命、砥砺前行，不断开创新时代化石保护工作的新局面。让我们携起手来：依法保护、科学研究、传播文明、造福人类！

书中未找到原作者的图片，可远期付费。囿于作者水平有限，难免有不妥之处，敬请读者不吝指正。

编者

2023年12月

目录

平凉古生物化石分布示意图

第一章

化石资源概况

平凉是中国古生物化石埋藏较丰富的地区之一，目前已发现化石点近百处，多分布于六盘山以东地区。有26个层位有化石产出，其中7个层位产出化石数量大、种类多、价值高，分别为：晚奥陶世平凉组、中侏罗世延安组、早白垩世罗汉洞组、上新世甘肃群、早更新世午城组、中更新世离石组、晚更新世马兰组。

地质背景及化石点分布概况

平凉市横跨两个岩石地层分区，以六盘山为界，西侧属北祁连地层分区，东侧属陇东地层分区。静宁县、庄浪县及华亭市西部属北祁连地层分区，共划分了15个岩石地层单元，有9个层位有化石产出，但已知化石产地规模较小、化石种属少。崆峒区、华亭市东部、崇信县、泾川县、灵台县属陇东地层分区，划分了25个岩石地层单位，有17个层位有化石产出，其中7个层位产出化石规模大、种类多、价值高，分别为：晚奥陶世平凉组、中侏罗世延安组、早白垩世罗汉洞组、上新世甘肃群、早更新世午城组、中更新世离石组和晚更新世马兰组。

晚奥陶世平凉组产出化石以笔石为主，有适度假栅笔石、幼体丝笔石、福氏叉笔石弯曲变种、箭翎笔石等；中侏罗世延安组产出化石以植物为主，有亚洲拟合囊蕨、狭细侧羽叶、细似托第蕨、包头侧羽叶（相似种）、裂叶爰博拉契蕨等；早白垩世罗汉洞组产狼鳍鱼化石；上新世甘肃群产出三趾马、大唇犀等；早更新世午城组产出有长鼻三趾马、真马、鬣狗、陆龟等；中更新世离石组中产出有平凉古菱齿象等；晚更新世马兰组产出的化石有泾川人头骨、马、中华鼢鼠、鹿、披毛犀、原始牛等。

平凉市较为重要的古生物化石点有50处，其中鱼类化石点3处、笔石化石点1处、高等植物化石点1处、哺乳类化石点45处。哺乳动物化石点分布上有两个特点：一是不均匀性。多数化石点集中在陇山（六盘山）东侧的陇东黄土高原，这里第四纪沉积较厚，地层发育完整，切割较深，发现化石点较多，常作为探讨华北黄土高原地层划分的典型地区之一；陇山（六盘山）西侧哺乳动物化石点则寥寥无几。二是更新世晚期古生物化石点常与古文化遗物相伴，这有利于研究古人类的古地理环境。

岩石地层单位说明

鄂尔多斯地层

第四系	全新统	Qh^{al}	冲积洪积层：砂砾及亚砂土
		Qh^{alp}	冲积洪积层：砂砾及亚砂土
	更新统	Qp^3m	马兰组：土黄色黄土，一般不含红褐色古土壤层或含有黑垆土型古土壤，疏松，具大孔隙，柱状节理极发育，具湿陷性
		Qp^2l	离石组：浅红色灰黄色黄土夹古土壤层及钙质结核层，底部为粉砂层
		Qp^1w	午城组：浅褐色，土黄色，砂质黄土、黏土质粉砂，多石膏结核与石膏脉，坚硬
新近系	上新统	NG	甘肃群：棕红色黏土或砂质黏土。风化面较疏松，新鲜面致密均一，质地坚硬
古近系	渐新统	E_3y	野狐城组：紫红、砖红色砾岩、含砾砂岩、砂岩、泥灰岩、灰岩夹石膏
	始新统	E_2x	西柳沟组：中上部为紫红色块状含砾长石石英砂岩夹巨厚层砂砾岩，底部为砾岩、砂砾岩
白垩统	下白垩统	K_1j	泾川组：灰绿色、灰色为主的泥岩、砂质泥岩、页状粉砂岩
		K_1lh	罗汉洞组：棕红色长石砂岩夹砂质泥岩、泥岩、粉砂岩
		K_1h	环江组：上部杂色砂质泥岩、页岩、粉砂岩，下部以砂岩为主
		K_1l	洛河组：棕红色－紫红色发育巨型交错层理的巨厚－块状中粗粒砂岩
		K_1l+h	洛河组：棕红色－紫红色发育巨型交错层理的巨厚－块状中粗粒砂岩 环江组：上部杂色砂质泥岩、页岩、粉砂岩，下部以砂岩为主
侏罗系	下侏罗系	J_1y	延安组：灰绿色、灰黄色页岩及高岭土质砂岩、泥质泥岩夹厚层煤及油页岩
三叠系	中上三叠统	$T_{2-3}k$	崆峒山组：上段砂岩、细砂岩、砂质泥（页）岩夹煤线 中段褐色、灰褐色砾岩、砂岩夹煤线及油页岩 下段灰褐、橘黄色砾岩、砂砾岩夹粉砂岩
二叠系	上-下二叠统	P_3sh+P_1s	石千峰组：灰紫色砾岩、粗－中粒砂岩及钙质砂岩 山西组：灰白色石英砂岩、砂质页岩，底部夹煤、铁、铝土矿及铀矿
		$P_3+sh+P_2sh+P_1s$	石千峰组：灰紫色砾岩、粗－中粒砂岩及钙质砂岩 石盒子组：紫色、灰绿色泥岩、砂质泥岩夹泥灰岩、砂岩夹砾岩 山西组：灰白色石英砂岩、砂质页岩，底部夹煤、铁、铝土矿及铀矿
古近系	中奥陶统	O_2p	平凉组：灰色、深灰色页岩夹砾状灰岩、钙质页岩、泥灰岩
	中下奥陶统	O_2p+O_1m	平凉组：灰色、深灰色页岩夹砾状灰岩、钙质页岩、泥灰岩 马家沟组：深灰色中厚层灰岩、白云岩夹黑褐色纹层状泥质白云岩、灰褐色白云岩等
	下奥陶统	O_1m	马家沟组：深灰色中厚层灰岩、白云岩夹黑褐色纹层状泥质白云岩、灰褐色白云岩等
		$\in_2zh+m+O_2s$	张夏组：深灰色鲕状灰岩夹（钙质）页岩 馒头组：紫色页岩、钙质砂岩夹砂岩、灰岩、粉砂岩、粉砂质页岩、泥岩等 三道沟组：灰色、浅灰色、灰黄色厚层及薄层豹皮状灰岩夹薄层状灰岩、泥灰岩
古近系	中寒武统	$\in_1zh+m$	张夏组：深灰色鲕状灰岩夹（钙质）页岩 馒头组：紫色页岩、钙质砂岩夹砂岩、灰岩、粉砂岩、粉砂质页岩、泥岩等
	下寒武统	$\in_1zh$	朱砂洞组：紫红色白云质灰岩、白云岩、页岩、粉砂质页岩、粉砂岩互层 下部石英砂岩，底部局铀、磷矿化
蓟县系	上蓟县统	Jx_2w	王全口组：灰白色薄－中厚层状含硅质条带白云岩和中厚层状结晶白云岩

北祁连地层

第四系	全新统	Qh^{al}	冲积洪积层：砂砾及亚砂土
		Qh^{alp}	冲积洪积层：砂砾及亚砂土
	更新统	Qp^3m	马兰组：土黄色黄土，一般不含红褐色古土壤层或含有黑垆土型古土壤，疏松，具大孔隙，柱状节理极发育，具湿陷性，易产生陷穴、天然桥等黄土岩溶地貌。
		Qp^2l	离石组：浅红色灰黄色黄土夹古土壤层及钙质结核层，底部为粉砂层
		Qp^1w	午城组：浅褐色，土黄色，砂质黄土、黏土质粉砂，多石膏结核与石膏脉，坚硬
新近系	上新统	NG	甘肃群：棕红色黏土或砂质黏土。风化面较疏松，新鲜面致密均一，质地坚硬
古近系	渐新统	E_3y	野狐城组：紫红、砖红色砾岩、含砾砂岩、砂岩、泥灰岩、灰岩夹石膏
	始新统	E_2x	西柳沟组：中上部为紫红色块状含砾长石石英砂岩夹巨厚层砂砾岩，底部为砾岩、砂砾岩
白垩统	下白垩统	K_1md	马东山组：绿、黄色泥岩、页岩夹油页岩
		K_1lw	李洼峡组：杂色砂岩、泥灰岩、灰岩
		K_1hs	和尚铺组：红色砾岩、砂岩、粉砂泥岩
		K_1s	三桥组：紫色砾岩夹砂岩
石炭系	上石炭统	C_2y	羊虎沟组：灰、灰黑色炭质页岩、褐红色细砂岩、灰白色含砾石英砂岩夹可采煤层
志留系	中志留统	S_2q	泉脑沟山组：灰褐色、褐黄、紫红色砂岩、粉砂岩、板岩、页岩互层，并夹有泥灰岩、灰岩扁豆体等
奥陶系	上奥陶系	O_3k	扣门子组：安山玄武岩、安山质角砾岩、流纹岩及粉砂质板岩，下部灰白色灰岩、砾状灰岩等
	下奥陶系	O_1Y	一组变砂岩、硅质岩、块状玄武岩、安山岩及火山碎屑岩 二组灰绿色泥岩、粉砂质泥岩、砂岩组成不等厚层，韵律层含铜 三组枕状玄武岩、安山玄武岩及火山碎屑岩夹硅质岩，砂页岩等
寒武系	寒武统上	$\in_3xm$	香毛山组：中上部位浅灰色变中细粒岩屑长石砂岩夹绢云绿泥千枚岩，结晶灰岩透镜体等 下部为变英安凝灰岩、变安山岩家绢云绿泥千枚岩、变细粉砂岩及微晶石英岩

变质岩

Pt_1L	陇山岩群：各种混合岩与眼球状片麻岩、片岩

侵入岩

ΣS	超基性岩
$\gamma\delta oS$	二长花岗岩

平凉市地质简图

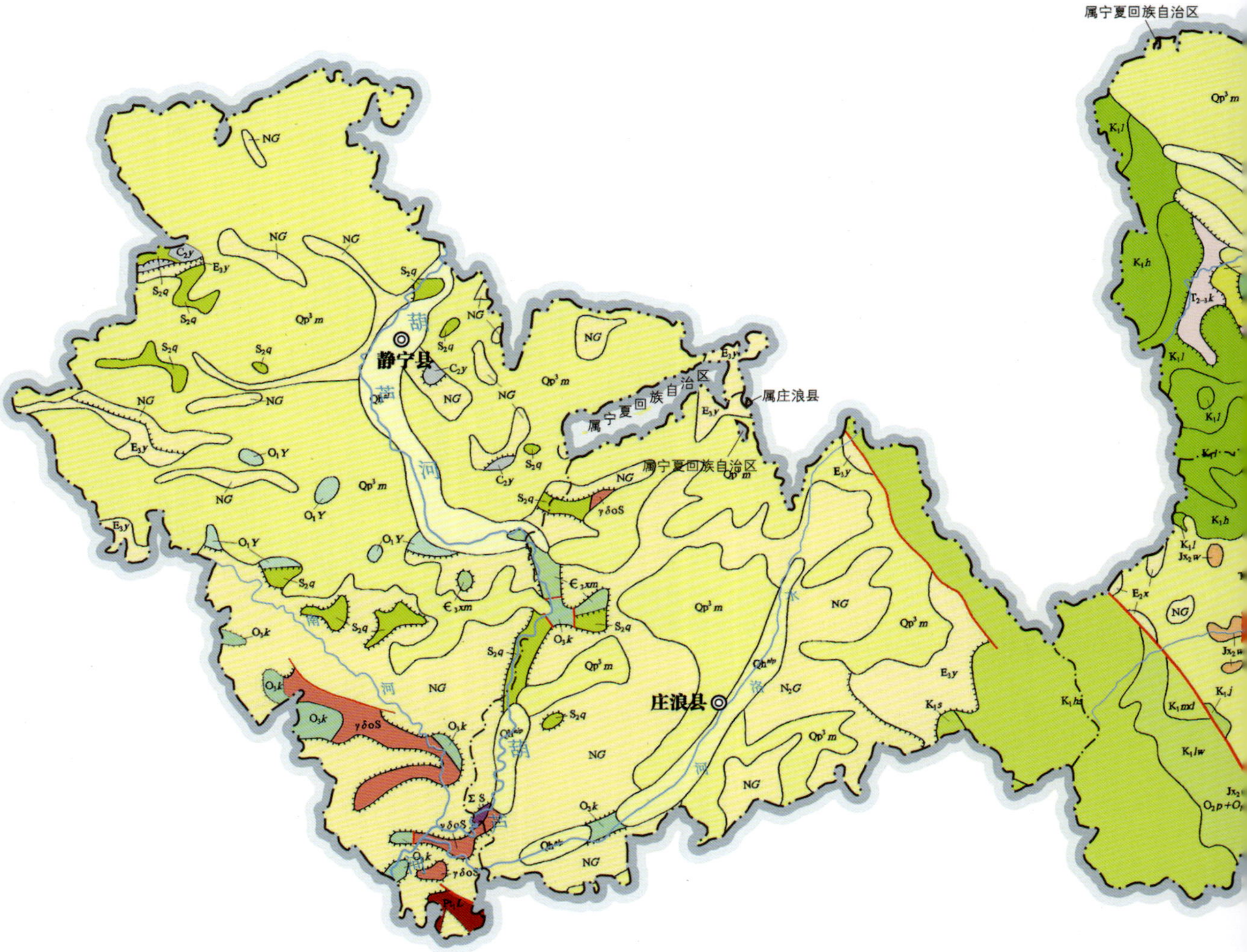

图 例

◉	市(州)政府驻地	—·—	市(州)界
◎	县(区、市)政府驻地	—·—·—	县(区、市)界
—··—	省界	〰	河流

地质图例见上页（岩石地层单位说明）

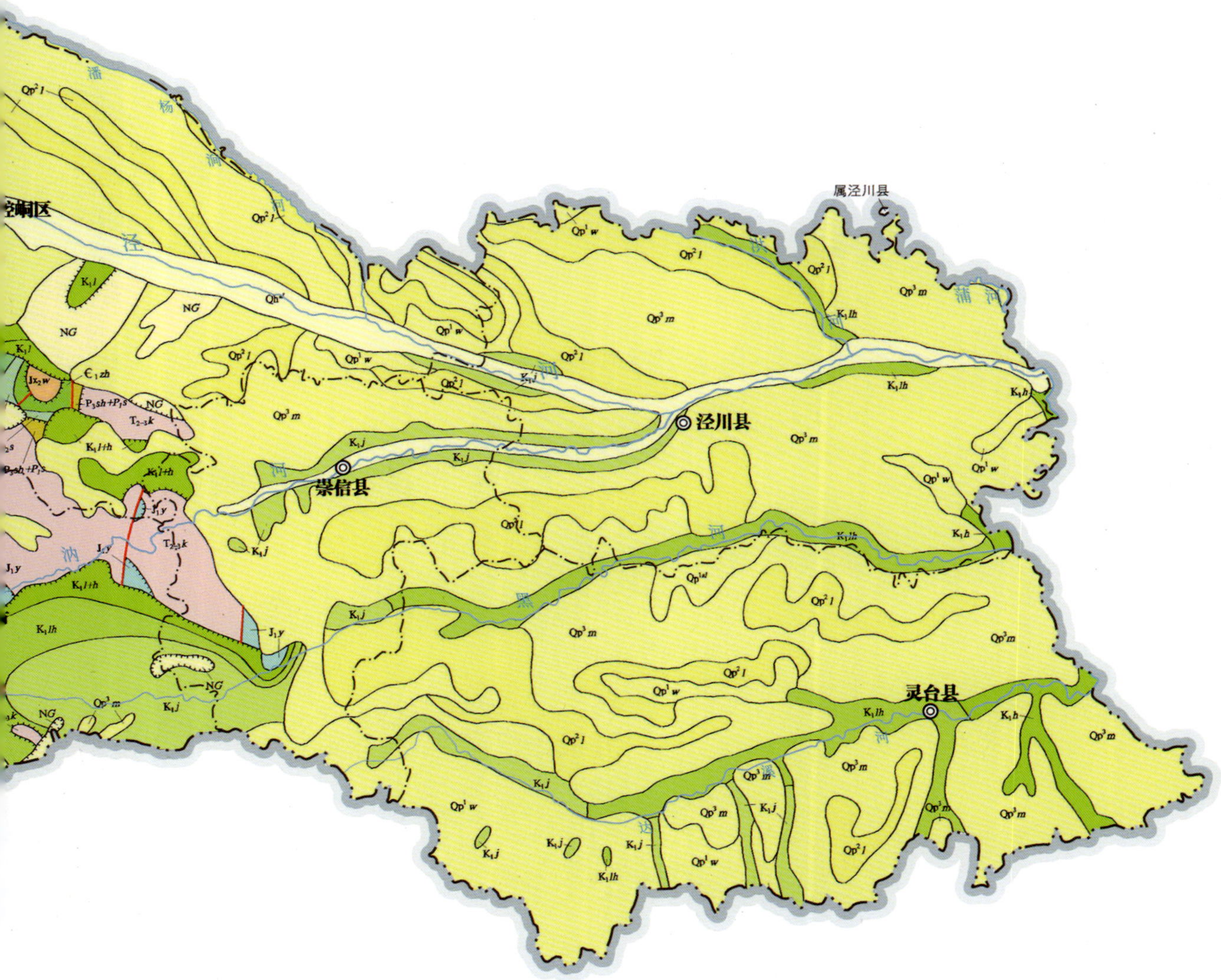

比例尺

0 5 10 20千米

行政界线来源于甘肃省自然资源厅公布的平凉市地图

审图号:甘 S(2024)6208003号

平凉市化石点分布图

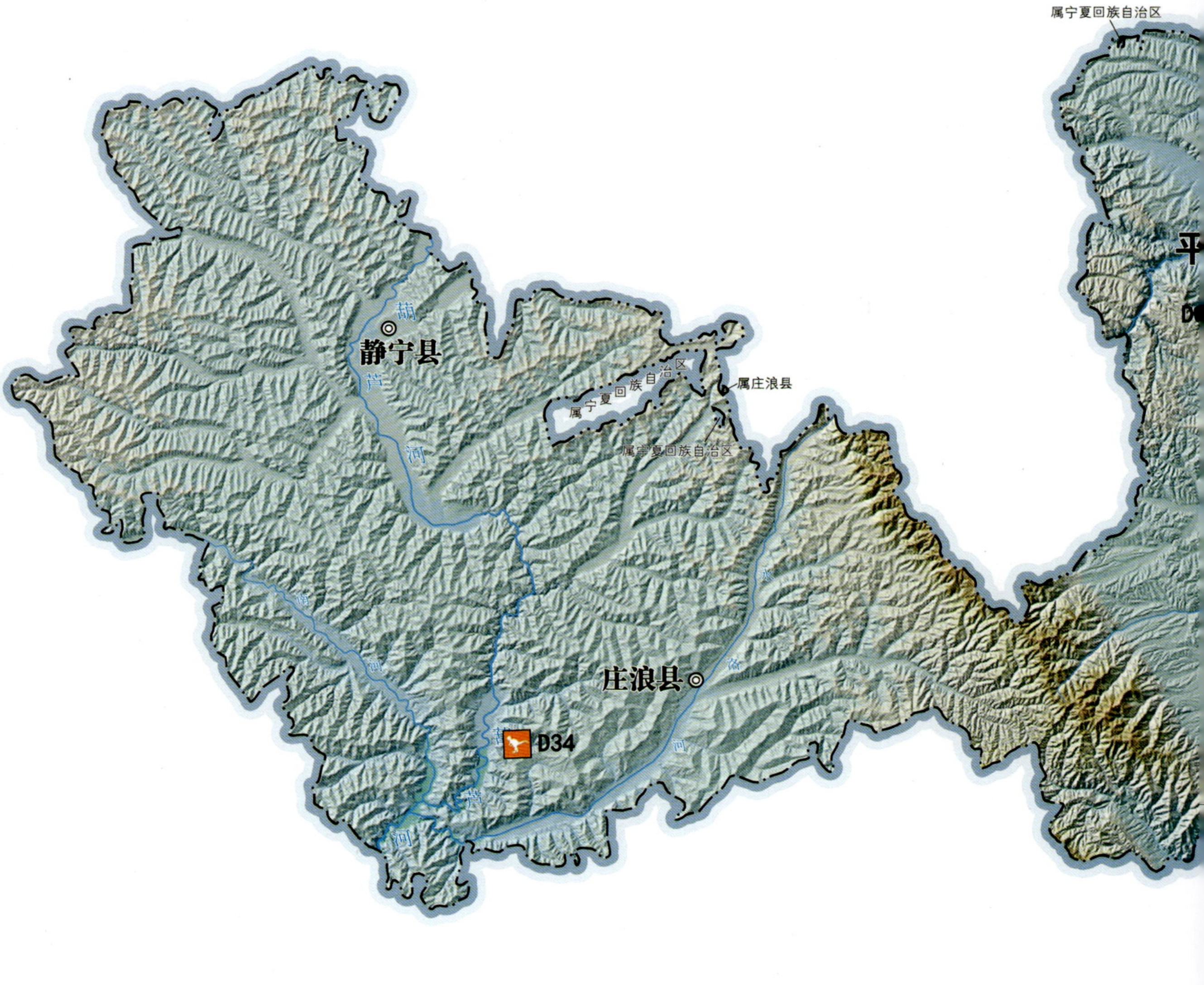

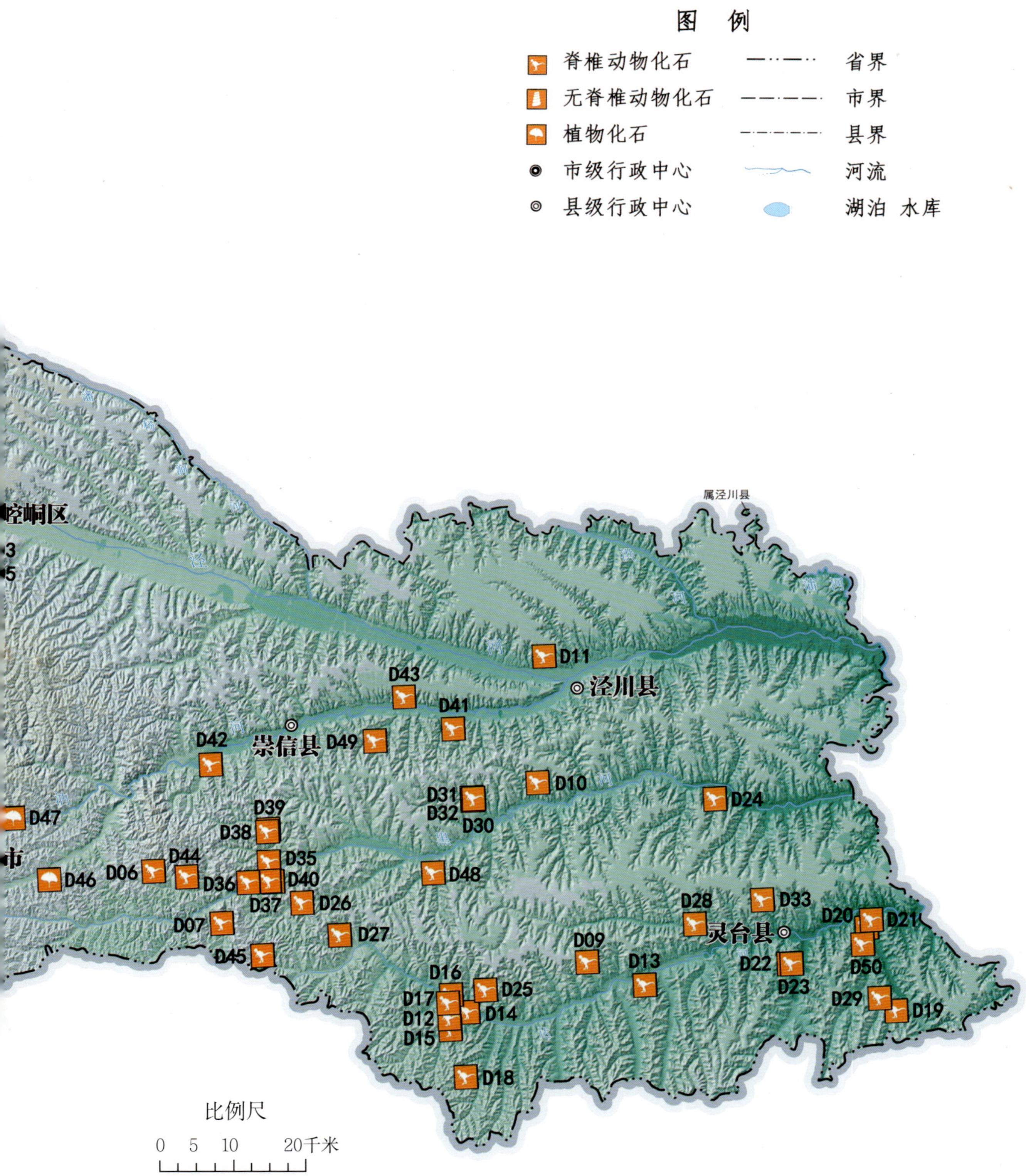

行政界线来源于甘肃省自然资源厅公布的平凉市地图
审图号:甘 S(2024)6208004号

化石点分布情况表

点号	化石点	年代地层单位	岩石地层单位	化石组合
D01	平凉市崆峒区峡门乡湫池村一社化石点	早更新世	午城组	哺乳类动物化石碎块
D02	平凉市崆峒区峡门乡湫池村二社化石点	早更新世	午城组	羊类、大马鹿、披毛犀、马类
D03	平凉市崆峒区峡门乡二沟村化石点	早更新世	午城组	哺乳类动物化石碎块
D04	平凉市崆峒区峡门乡二沟村西南化石点	早更新世	午城组	哺乳类动物化石碎块
D05	平凉市崆峒区峡门乡二沟村南化石点	早更新世	午城组	哺乳类动物化石碎块
D06	平凉市华亭市安口镇南山村化石点	早白垩世	罗汉洞组	狼鳍鱼
D07	平凉市崇信县新窑镇西刘村化石点	早白垩世	罗汉洞组	狼鳍鱼、苏铁杉
D08	平凉市崆峒区崆峒镇鸭儿沟村七社化石点	中奥陶世	平凉组	对笔石、幼体丝笔石、适度假栅笔石、福氏叉笔石、夏氏假栅笔石
D09	平凉市灵台县百里镇李家坡村芋子湾社化石点	早更新世	午城组	哺乳类动物化石碎块
D10	平凉市泾川县太平镇七千关村化石点	早更新世	午城组	哺乳类动物化石碎块
D11	平凉市泾川县城关镇阳坡村化石点	早更新世	午城组	三趾马、马鹿
D12	平凉市灵台县百里镇柴朝村湾朝社化石点	早更新世	午城组	哺乳类动物化石碎块
D13	平凉市灵台县百里镇观音村东沟里化石点	早更新世	午城组	哺乳类动物化石碎块
D14	平凉市灵台县百里镇柴朝村八十亩地化石点	早更新世	午城组	陆龟、鬣狗、犀牛、大马鹿
D15	平凉市灵台县百里镇柴朝村湾朝社化石点	早更新世	午城组	哺乳类动物化石碎块
D16	平凉市灵台县百里镇柴朝村高家洼社化石点	早更新世	午城组	哺乳类动物化石碎块
D17	平凉市灵台县百里镇柴朝村高家洼社南化石点	早更新世	午城组	哺乳类动物化石碎块
D18	平凉市灵台县百里镇万家川林场化石点	早更新世	午城组	哺乳类动物化石碎块
D19	平凉市灵台县邵寨镇黎家河村坪道湾社化石点	早更新世	午城组	哺乳类动物化石碎块
D20	平凉市灵台县中台镇安家庄村张家洼社化石点	早更新世	午城组	哺乳类动物化石碎块
D21	平凉市灵台县中台镇安家庄村场里社化石点	中更新世	离石组	哺乳类动物化石碎块
D22	平凉市灵台县中台镇康家沟村西化石点	早更新世	午城组	哺乳类动物化石碎块
D23	平凉市灵台县中台镇康家沟村东化石点	早更新世	午城组	哺乳类动物化石碎块
D24	平凉市灵台县西屯镇姜家村北庄社化石点	中更新世	离石组	大角鹿
D25	平凉市灵台县百里镇柴朝村焕庄社化石点	早更新世	午城组	哺乳类动物化石碎块

点号	化石点	年代地层单位	岩石地层单位	化石组合
D26	平凉市灵台县龙门乡代家庄村化石点	早更新世	午城组	哺乳类动物化石碎块
D27	平凉市灵台县龙门乡高家山村新庄沟化石点	早更新世	午城组	哺乳类动物化石碎块
D28	平凉市灵台县西屯镇关道湾村化石点	早更新世	午城组	披毛犀、鹿
D29	平凉市灵台县新开乡华掌村下苏村化石点	早更新世	午城组	披毛犀、鹿、陆龟、鬣狗
D30	平凉市灵台县梁原乡杜家沟村北化石点	早更新世	午城组	披毛犀
D31	平凉市灵台县梁原乡杜家沟村南化石点	早更新世	午城组	哺乳类动物化石碎块
D32	平凉市灵台县梁原乡杜家沟村东南化石点	早更新世	午城组	哺乳类动物化石碎块
D33	平凉市灵台县独店镇杜瓦峪村十里铺社化石点	早更新世	午城组	哺乳类动物化石碎块
D34	平凉市庄浪县大庄镇下王村化石点	早更新世	午城组	哺乳类动物化石碎块
D35	平凉市崇信县新窑镇赤城村河北社化石点	早更新世	午城组	哺乳类动物化石碎块
D36	平凉市崇信县新窑镇赤城村赵堡子社化石点	早更新世	午城组	犀牛、大马鹿
D37	平凉市崇信县新窑镇赤城村赵堡子社西化石点	早更新世	午城组	犀牛
D38	平凉市崇信县新窑镇周寨村金家沟门社化石点	早更新世	午城组	哺乳类动物化石碎块
D39	平凉市崇信县黄花乡油府庄村罗洼社化石点	早更新世	午城组	哺乳类动物化石碎块
D40	平凉市崇信县黄花乡油府庄村罗洼社南化石点	早更新世	午城组	鬣狗
D41	平凉市泾川县汭丰镇百烟村王咀社化石点	早更新世	午城组	哺乳类动物化石碎块
D42	平凉市崇信县锦屏镇杜家沟村赵老沟社化石点	早更新世	午城组	鬣狗
D43	平凉市崇信县锦屏镇李家沟村李家沟社化石点	早更新世	午城组	哺乳类动物化石碎块
D44	平凉市崇信县新窑镇新窑村芦家塬社化石点	中更新世	离石组	中华长鼻三趾马、鬣狗、蜗牛
D45	平凉市崇信县新窑镇宰相村川里村化石点	早更新世	午城组	哺乳类动物化石碎块
D46	平凉市华亭市安口镇王家沟村晨光社化石点	早白垩世	罗汉洞组	狼鳍鱼、华亭鱼、科达叶子
D47	华亭市东华池镇东峡村化石点	早三叠世	崆峒山组	植物化石
D48	平凉市灵台县梁原乡东门村南沟社化石点	早更新世	午城组	哺乳类动物化石碎块
D49	平凉市华亭市木林乡野雀沟村化石点	早更新世	午城组	哺乳类动物化石碎块
D50	灵台县新开乡冯家山村化石点	早更新世	午城组	哺乳类动物化石碎块

化石标本的馆藏概况

历年来，平凉市各级人民政府、文物部门、自然资源管理部门高度重视古生物化石标本的保护工作，鼓励单位和个人将收藏的重点保护古生物化石捐赠给符合条件的各县区博物馆收藏。经过几代人的努力，平凉市博物馆、静宁县博物馆、庄浪县博物馆、华亭县博物馆、崇信县博物馆、泾川县博物馆、灵台县博物馆等单位收藏了古生物化石标本200多件。其中上新世三趾马动物群化石标本有：小齿古麟、李氏三趾马、大唇犀、斯氏弓颌猪、鹿、羚羊、鼬鬣狗等；早更新世真马动物群化石标本有：剑齿象、中华长鼻三趾马、真马、纳玛象、丽牛类等；晚更新世萨拉乌苏动物群化石标本有：披毛犀、最晚鬣狗、河套大角鹿、原始牛、普氏野马类、普氏羚羊、恰克图转角羚羊等。此外还有中生代陆相鱼龟类化石、湖相植物类化石等。

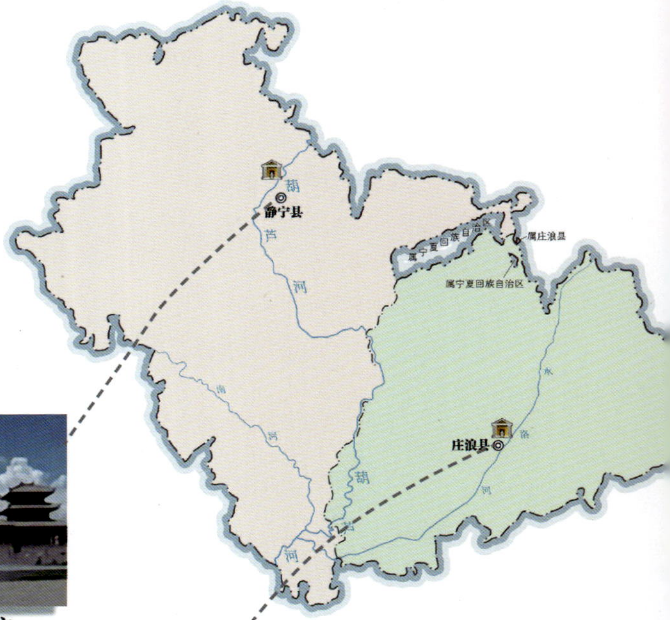

静宁县博物馆

庄浪县博物馆

华亭县博物馆

行政界线来源于甘肃省自然资源厅公布的平凉市地图
审图号 :甘 S(2024)6208005号

主要化石类型及属种

1. 中晚奥陶世笔石化石

2. 中侏罗世植物化石

3. 早白垩世鱼类化石

辐鳍鱼纲 Actinopteri Cope, 1871

狼鳍鱼目 Lycopteriformes Chang et Chou, 1977

狼鳍鱼科 Lycopteridae Cockerell, 1925

狼鳍鱼属 *Lycoptera* Müller, 1848

甘肃狼鳍鱼 *Lycoptera kansuensis* Grabau

隆德狼鳍鱼 *Lycoptera lungteensis* Liu et al.

4. 上新世“三趾马动物群”化石

哺乳纲 Mammalia Linnaeus, 1758

奇蹄目 Perissodactyla Owen, 1848

马科 Equidae Gray, 1821

三趾马属 *Hipparion* de Christol, 1832

平颊三趾马 *Hipparion (Hipparion) hippidiodus* Sefve

犀科 Rhinocerotidae Gray, 1821

大唇犀属 *Chilotherium* Ringström, 1924

桑氏大唇犀 *Chilotherium licenti*

5. 早更新世“真马动物群”化石

哺乳纲 Mammalia Linnaeus, 1758

食肉目 Carnivora Bowdich, 1821

猫科 Felidae Fischer de Waldheim, 1817

巨颏虎属 *Megantereon* Croizet et Jobert, 1828

剑齿虎（未定种）*Megantereon* sp.

锯齿虎属 *Homotherium*

钝齿锯齿虎 *Homotherium crenatidens* Fabrini，

鬣狗科 Hyaenidae Gray, 1821

鼬鬣狗属 *Ictitherium* Wagner, 1848

鼬鬣狗（未定种）*Ictitherium* sp.

偶蹄目 Artiodactyla Owen, 1848

牛科 Bovidae Gray, 1821

丽牛属 *Leptobos* Rütimeyer, 1878

丽牛（未定种）*Leptobos* sp.

羚羊属 *Gazella* de Blainville, 1816

中国羚羊 *Gazella sinensis* Teilhard et piveteau, 1930

野牛属 *Bison* Smith, 1827

古中华野牛 *Bison palaeosinensis* Teilhard et Piveteau

奇蹄目 Perissodactyla Owen, 1848

马科 Equidae Gray, 1821

三趾马属 *Hipparion* de Christol, 1832

中国长鼻三趾马 *Proboscidipparion sinensis* Sefve

马属 *Equus* Linnaeus, 1758

真马（未定种）*Equus* sp.

猪科 Suidae Gray, 1821

猪（未定种）*Sus* sp.

鹿科 Cervidae Goldfuss, 1820

鹿属 *Cervus* Linnaeus, 1758

鹿（近似大角鹿）*Cervus* (cf. *Euclenoceros*) sp.

长鼻目 Proboscidea Illiger, 1811

剑齿象科 Stegodontidae Osborn, 1918

剑齿象属 *Stegoton* Falconer, 1847

师氏剑齿象 *Stegoton zdanskyi* Hopwood

嵌齿象科 Gomphotheriidae Cabrera, 1929

五棱齿象属 *Pentalophodon* Falconer, 1857

五棱齿象 *Pentalophodon pingliangensis*

爬行纲 Reptilia Laurenti, 1768

龟鳖目 Testudines Linnaeus, 1758

中国龟科 Sinemydidae Yeh, 1963

中国龟属 *Sinemys*

圆镜中国龟 *Sinemys lens*

6. 中更新世古菱齿象化石

哺乳纲 Mammalia Linnaeus, 1758

长鼻目 Proboscidea Illiger, 1811

象科 Elephantidae Gray, 1821

古菱齿象属 *Palaeoloxodon* Matsumoto, 1924

平凉古菱齿象新种 *Palaeoloxodon pingliangensis* sp.nov.

7. 晚更新世“萨拉乌苏动物群”化石

哺乳纲 Mammalia Linnaeus, 1758

奇蹄目 Perissodactyla Owen, 1848

犀科 Rhinocerotidae Gray, 1821

披毛犀属 *Coelodonta* Bronn, 1831

最后披毛犀 *Coelodonta antiquitatis* Blumenbach

马科 Equidae Gray, 1821

马属 *Equus* Linnaeus, 1758

普氏野马 *Equus przewalskii* Poliakoff

灵长目 Primates

人科 Hominidae

人属 *Homo*

泾川人 *Jingchuan human*

第二章

中晚奥陶世笔石化石

平凉市的笔石化石产于晚奥陶世平凉组深灰色薄层钙质页岩中，主要分布于太统山南部。富含笔石化石的页岩是一种典型的生物相，称笔石页岩相。笔石壳薄、纤细，多在上层相对静水的环境营漂浮生活，死后落入较深的水滞留缺氧环境，与暗色泥页岩构成特殊的浮游相，代表深水或水流不畅环境下的缺氧还原沉积环境。

中晚奥陶世笔石生物群化石

产　　地：平凉·银洞官庄

时　　代：晚奥陶世（距今约458.4 百万～443.8百万年）

地　　层：平凉组（O_2p）

特　　征：笔石是指笔石动物的化石，由于其保存状态使其压扁成了碳质薄膜，书写时很像铅笔在岩石层上书写的痕迹，因此才被科学家叫做“笔石”。笔石动物为单枝或多枝状群体，个体生活在胞管中，胞管很小，往往小于1mm；许多胞管连接在一起构成群体，群体长度从几毫米到1m 以上。笔石的种类很多，平凉发现的主要是生活在中奥陶纪的无轴亚目的化石，这种类型分枝较少，主要有均分笔石、单笔石、对笔石和叉笔石等种类。因为它们全都沉积在海底含黄铁矿的岩石中，这说明今天巍峨高耸的太统山，它的“童年是在深水海底中度过的”。中奥陶纪后，陆地上升，海水退去，形成了海退和闭塞留的笔石相沉积，太统山就是在那时开始慢慢从海底升起，成为平凉地质史上的先辈。

平凉市区域构造图及笔石化石点位置示意图（红三角形）（引自樊茹等，2020 年）

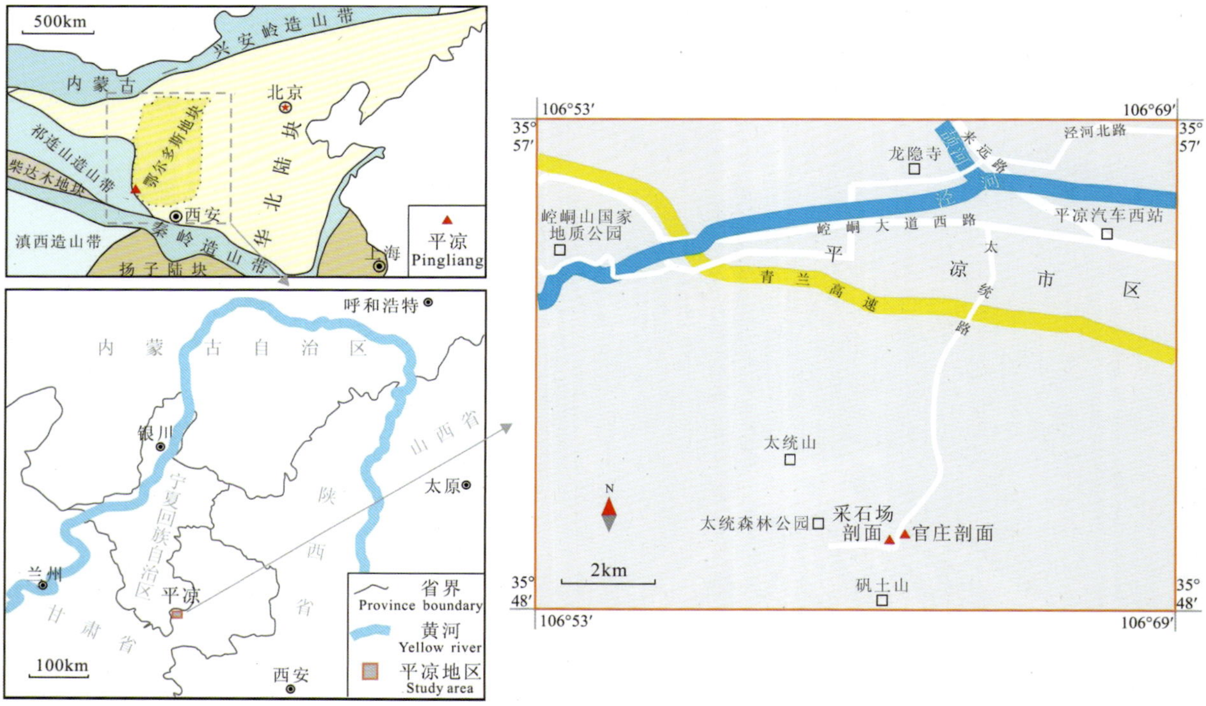

笔石化石赋存层位及采集现场

甘肃平凉官庄平凉组剖面示意图（引自宋礼生，1996 年）

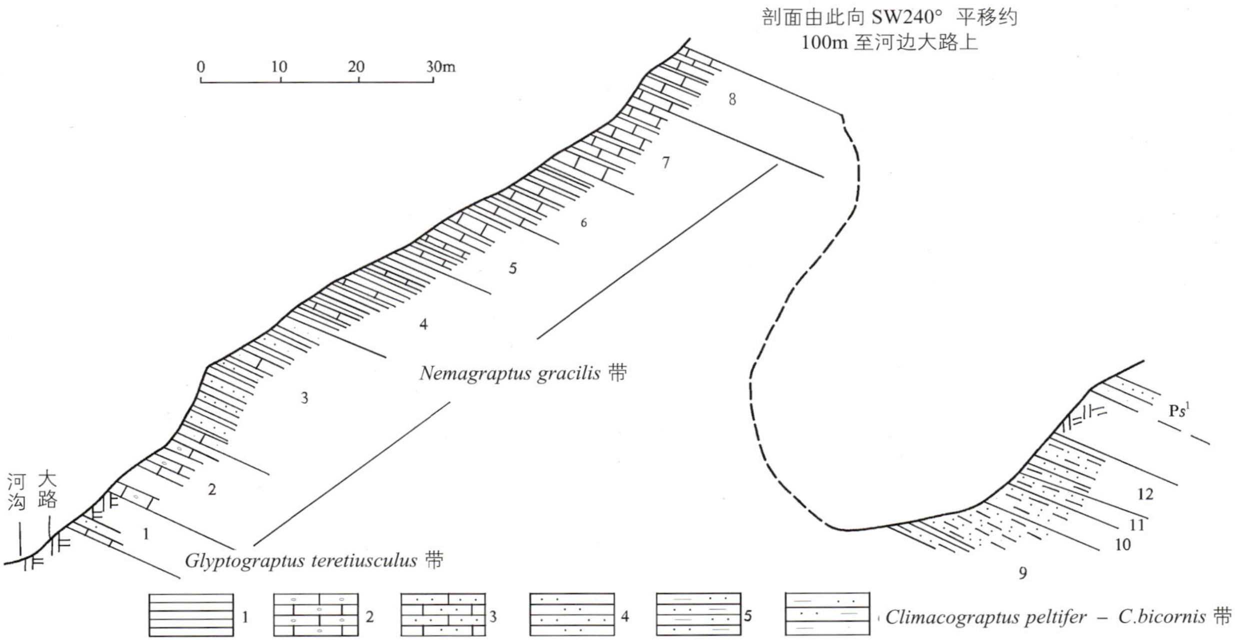

1. 页岩；2. 砾状灰岩；3. 钙质粉砂岩；4. 粉砂岩；5. 粉砂质页岩；6. 泥质粉砂岩

研究剖面所出露的页岩内，包括灰岩中的页岩夹层中均可见笔石化石。根据野外观察和采集情况，在距露头底 8m 厚约 0.4m 的黑色页岩中，笔石标本最为富集，保存也最好，故多次在此进行较为密集的化石采集。经鉴定，该笔石生物群共有 14 属 20 种，8 个未定种以及属种待定的 2 类。（详见图 1、图 2）

| 平凉采石场剖面平凉组部分笔石标本照片（引自樊茹等，2020年）

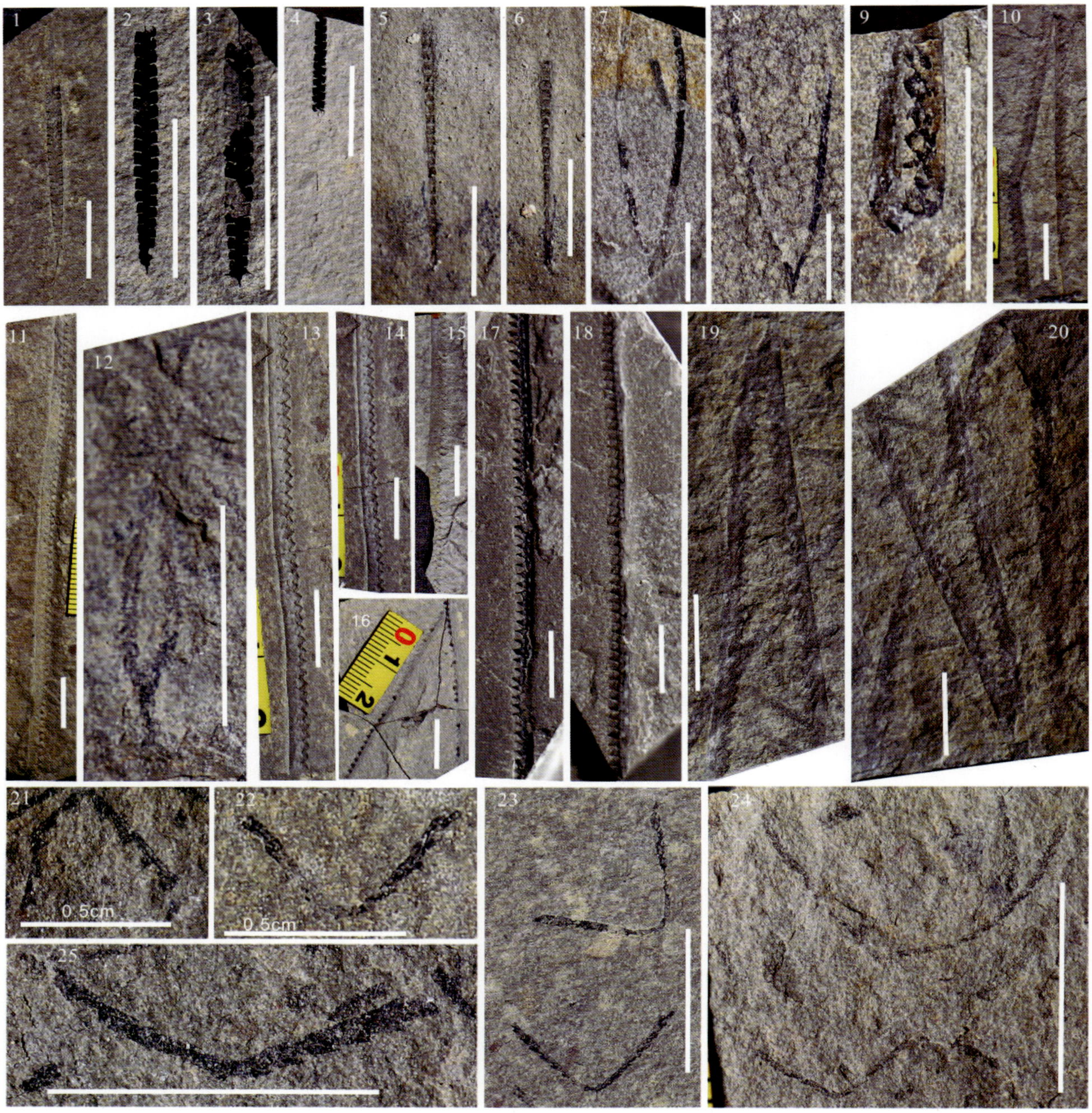

图1

1 —— *Archiclimacograptus caelatus*（Lapworth，1875），标本号 SDG–B–1。2~4 —— *Archiclimacograptus mreidionalis*（Ruedemann，1947），标本号 SDG–B–2，SDG–B–3，SDG–B–4。5~6 —— diplograptids gen. & sp. indet.，标本号 SDG–B–5，SDG–B–6。7，8 —— *Dicranograptus brevicaulis* Elles et Wood，1904，标本号 SDG–B–7，SDG–B–8。9~11，13~21 —— expansograptids gen. & sp. indet.，标本号 SDG–B–9~SDG–B–11，SDG–B–13~SDG–B–21。12 —— *Dicranograptus* sp.，标本号 SDG–B–12。22~24 —— *Dicellograptus angulatus* Elles et Wood，1904，标本号 SDG–B–22~SDG–B–24。25 —— *Dicellograptus* sp.，SDG–B–25. 标尺为 1cm，另作说明的除外。

平凉采石场剖面平凉组部分笔石标本照片（引自樊茹等，2020年）

图2

1.3 —— *Nemagra ptus delicatus*（Lin, 1980），标本号 SDG-B-26，SDG-B-28。

2 —— *Acrograptus a f finis*（Nicholson, 1869），标本号 SDG-B-27。

4~13 —— *Syndyograptus sinensis* Mu, 1963，标本号 SDG-B-29~SDG-B-38. 标尺为 lcm。

第三章

中侏罗世植物化石

平凉市中侏罗世植物化石产于华亭、安口、新窑、赤城、砚峡一带的延安组地层中，植物群以真蕨类、银杏类繁盛，松柏类、楔叶类和苏铁类占一定比例为特征。即以温暖湿润气候下繁盛的植物类型为主，兼具少数亚热带、热带气候下的植物成分，说明平凉市中侏罗世为偏湿润的暖温带气候。

中侏罗世植物化石

种　　属：华亭市东华池镇西华煤矿矿区附近

产　　地：华亭市东华池镇东峡村化石点

时　　代：中侏罗世（约170百万年前）

地　　层：延安组（J_1y）

特　　征：甘肃华亭延安组含丰富的植物化石，经系统地采集、分类、鉴定后，就目前来看，共27属59种（包括12个未定种及8个相似种）。简要介绍以下类型：

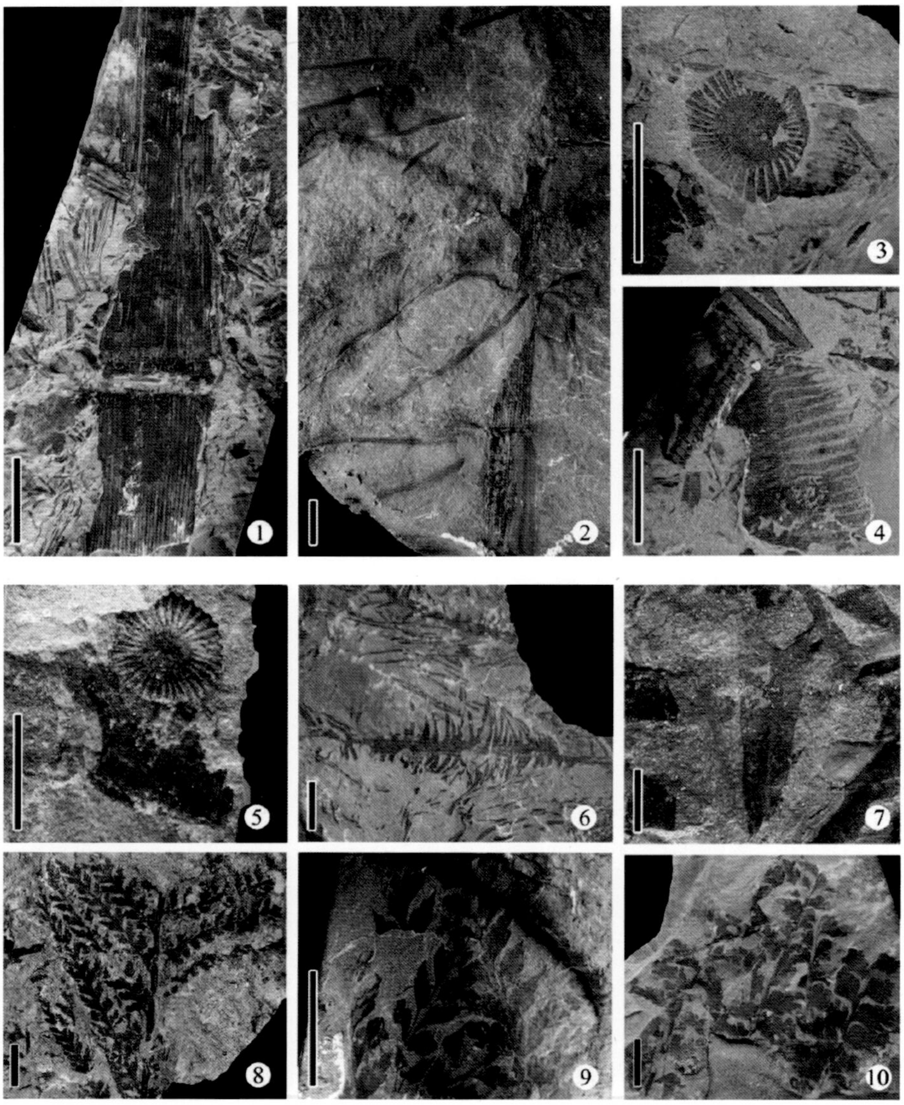

1. 霍尔新芦木 *Neocalamites hierensis* (Schimper) Halle, HT 14018
2. 那氏新芦木 *Neocalamites nathorsti* Erdtman, HT14073
3. 4. 费尔干似木贼 *Equisetites ferganensis* Seward, HT14016, HT14015
5. 侧生似木贼 *Eq tisetites lateralis* (Phillips) Morris, HT15031
6. 似根（未定种）*Rad icites* sp. HT15020
7. 亚洲拟合囊蕨 *Mara tt iopsis asiatica* Kawasaki, HT14081
8. 布列亚锥叶蕨 *Con iopteris burejensis* (Zalessky) Seward, HT14022
9. 甘肃锥叶蕨 *Conio pteris gan suen sis* Cao et Zhang, HT14075
10. 膜蕨型锥叶蕨 *Conio pteris hymeno phylloides* (Brongniart) Seward, HT140211_10.

1. 青海锥叶蕨 *Coniopteris qinghaiensis* He, HT14020
2. 大同锥叶蕨 *Coniopteris tatungensis* Sze, HT14054
3. 威廉姆逊似托第蕨 *Todites williamsoni* (Brongniart) Seward, HT14026
4. 西坡锥叶蕨 *Coniopteris xipoensis* Yang, HT15037
5. 裂叶爱博拉契蕨 *Eboracia lobifolia* (Phillips) Thomas, HT14023
6. 细似托第蕨 *Todites denticulata* (Brongniart) Krasser, HT14025
7. 亚洲枝脉蕨 *Cladophlebis asiatica* Chow et Yeh, HT14027
8. 陕西似托第蕨 *Todites shensiensis* (P'an) Sze, HT14079

1. 谢氏枝脉蕨 *Cladophlebis hsiehiana* Sze,HT14028
2. 坊子枝脉蕨 *Cladophlebis fangtzuensis* Sze, HT14062
3. 周家湾楔羊齿 *Sphenopteris chowkiawanensis* Sze, HT14053
4. 梯兹侧羽叶（相似种）*Pterophyllum* cf. *tietzei* Schenk, HT14029
5. 包头侧羽叶（相似种）*Pterophyllum* cf. *baotoum* Zhang, HT14072
6. 狭细侧羽叶 *Pterophyllum angustum* (Braun) Gothan, HT15002
7. 胡顿银杏 *Ginkgo huttoni* (Sternb.) Heer, HT14033
8. 奥勃鲁契夫似银杏 *Ginkgoites obrutschewii* (Seward) Seward, HT14005

1. 东方似银杏（近似种）*Ginkgoites* cf. *orientalis* (Yabe et Oishi) Florin, HT14049
2. 具边似银杏 *Ginkgoites marginatus* (Nath.) Florin, HT14032
3. 西伯利亚似银杏 *Ginkgoites sibiricus* (Heer) Seward, HT14030
4. 清晰似银杏（近似种）*Ginkgoites* cf. *lepidus* (Heer) Florin, HT14065
5. 似银杏（未定种）*Ginkgoites* sp., HT14061
6. 纤细拜拉 *Baiera gracilis* (Bean MS) Bunbury, HT14057
7. 雅致裂拜拉（近似种)*Baiera* cf. *elegans* Oishi, HT14055
8. 叉状拜拉（相似种)*Baiera* cf. *furcata* (L.et H.) Braun, HT14034
9. 优雅拜拉（相似种)*Baiera* cf. *concinna* (Heer) Kawasaki, HT15021
10. 长叶楔拜拉 *Sphenobaiera longifolia* (Pomel) Florin, HT14087
11. 楔拜拉（未定种）*Sphenobaiera* sp., HT15043
12. 鄂尔多斯次康诺司基叶 *Czekanowskia* (Harrisalla) ordosensis Sun, HT14058

第四章

早白垩世鱼类化石

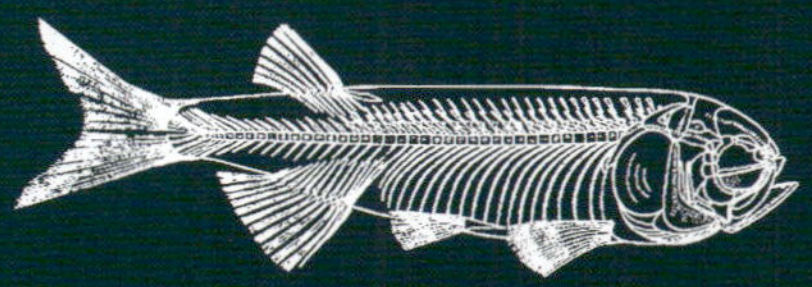

古生态环境地理背景：白垩纪时期（距今约145.5百万～65百万年），这时平凉市河湖广布，河流发育，相互连通的低地，热带－亚热带温湿－半干旱的古气候条件，产叶肢介、鱼类、爬行类、介形类、双壳类、腹足类、昆虫与植物化石。

甘肃狼鳍鱼

Lycoptera kansuensis Grabau

产　　地：华亭市神裕回族乡南川村化石点、华亭市安口镇王家沟村化石点、华亭市安口镇南山村化石点、崆峒区峡门化石点、崇信县新窑镇西刘村化石点。

村化石点：崆峒区峡门化石点、崇信县新窑镇西刘村化石点。

时　　代：早白垩世（145百万 ~100.5百万年）

地　　层：罗汉洞组（K_1lh）

赋存岩性：砂质泥岩、泥岩、粉砂岩

特征描述：甘肃狼鳍鱼体长一般在5~10cm，身体呈纺锤形或长纺锤形，背鳍位置靠后，其前有上神经棘，头部膜质骨具有薄间光质层，尾正型，圆鳞，牙齿尖锥形。狼鳍鱼属于骨舌鱼超目，是原始的真骨鱼类。以浮游动物昆虫和昆虫卵为食。

| 甘肃狼鳍鱼复原图

甘肃狼鳍鱼（华亭市安口镇王家沟村采集）

1cm

甘肃狼鳍鱼（华亭市安口镇王家沟村采集）

1cm

甘肃狼鳍鱼（华亭市安口镇王家沟村采集）

1cm

隆德狼鳍鱼

Lycoptera lungteensis Liu et al.

产　　地：华亭市神裕回族乡南川村化石点、华亭市安口镇王家沟村化石点

时　　代：早白垩世（约100百万年前）

地　　层：罗汉洞组 (K_1lh)

赋存岩性：砂质泥岩、泥岩、粉砂岩

特征描述：身体呈纺锤形，身长约10cm，背鳍位置靠后与臀鳍相对，尾正型，圆鳞，牙齿尖锥形，以浮游动物昆虫和昆虫卵为食。

隆德狼鳍鱼（平凉市博物馆）

1cm

隆德狼鳍鱼（华亭市安口镇王家沟村）

1cm

隆德狼鳍鱼（华亭市安口镇王家沟村）

1cm

第五章

上新世三趾马动物群化石

古生态环境地理背景：上新世（距今约5.33百万～2.58百万年）时期，平凉市气候条件比较温暖，雨量较充沛，适合动植物生长和繁殖，遍布草原和森林，以大唇犀、小齿三趾马为代表的“三趾马动物群”很繁盛。

平颊三趾马

Hipparion (Hipparion) hippidiodus Sefve

产　　地：静宁县水泉沟村

时　　代：上新世（约5百万年前）

地　　层：甘肃群（*NG*）

赋存岩性：灰紫黄亚黏土

特征描述：体型比现代马小，前后肢均为三趾，中趾粗而着地，侧趾较小而不着地。门齿有凹坑。颊齿高冠，棱柱形，前臼齿已臼齿化。上颊齿珐琅质褶皱强烈，白垩质丰富，原尖孤立，圆柱形。下臼齿有两个凸起，形成一个纵长的双柱形。

三趾马复原图

三趾马头骨化石（民间收藏）

2cm

三趾马化石（民间收藏）

3cm

三趾马复原骨架（和政古动物化石博物馆）

7cm

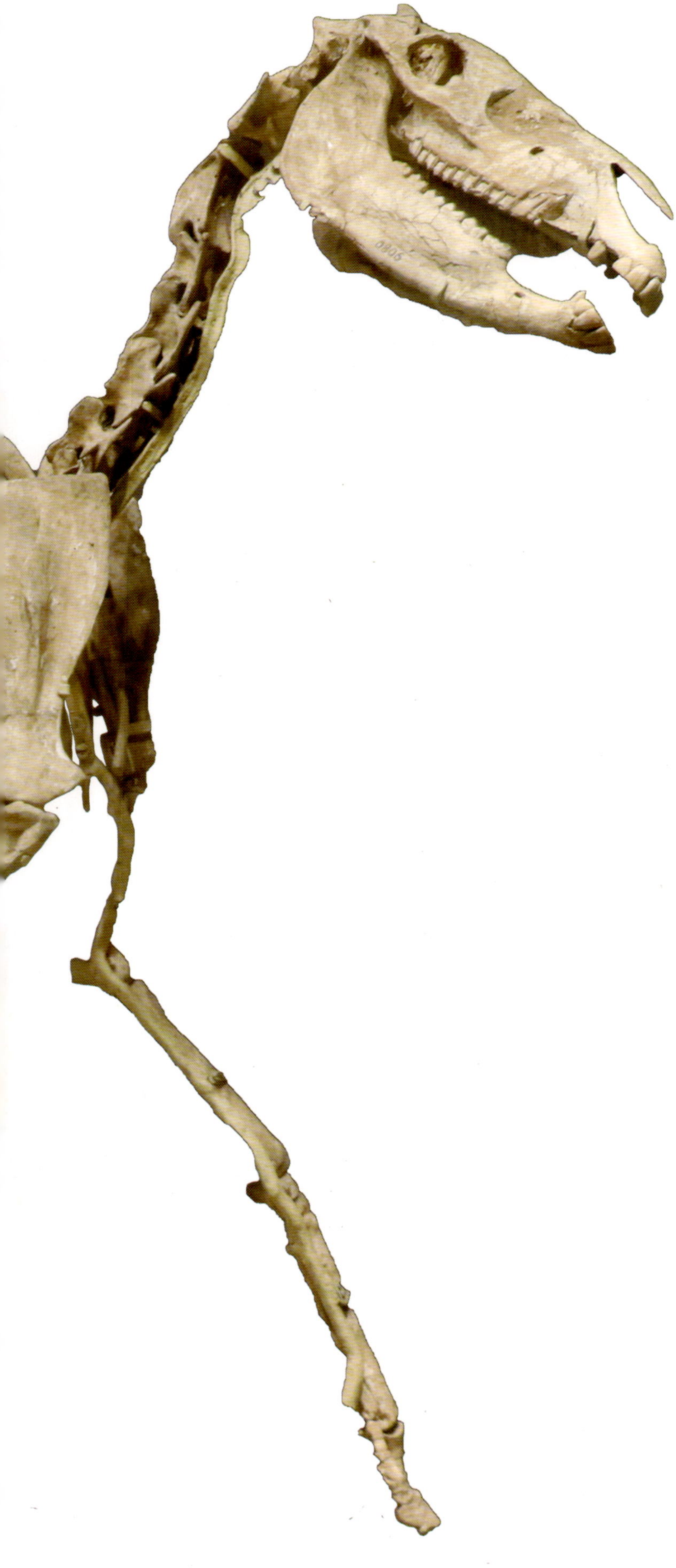

▼三趾马肢骨化石

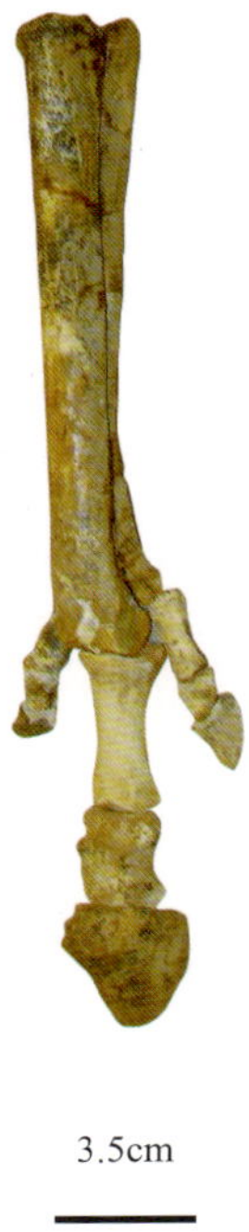

桑氏大唇犀

Chilotherium licenti

产　　地：静宁县水泉沟村

时　　代：上新世（约5百万年前）

地　　层：甘肃群（*NG*）

赋存岩性：灰紫黄亚黏土

特征描述：大唇犀两性均无角，其下颌骨吻部强烈地向侧面扩展，具有两枚带锋利刃部的巨大獠牙，上门齿完全退化消失，晚中新世时期繁盛于欧亚大陆。[33]

甘肃静宁县水泉沟左岸柱状剖面图（依秦岭区域地质测量大队）

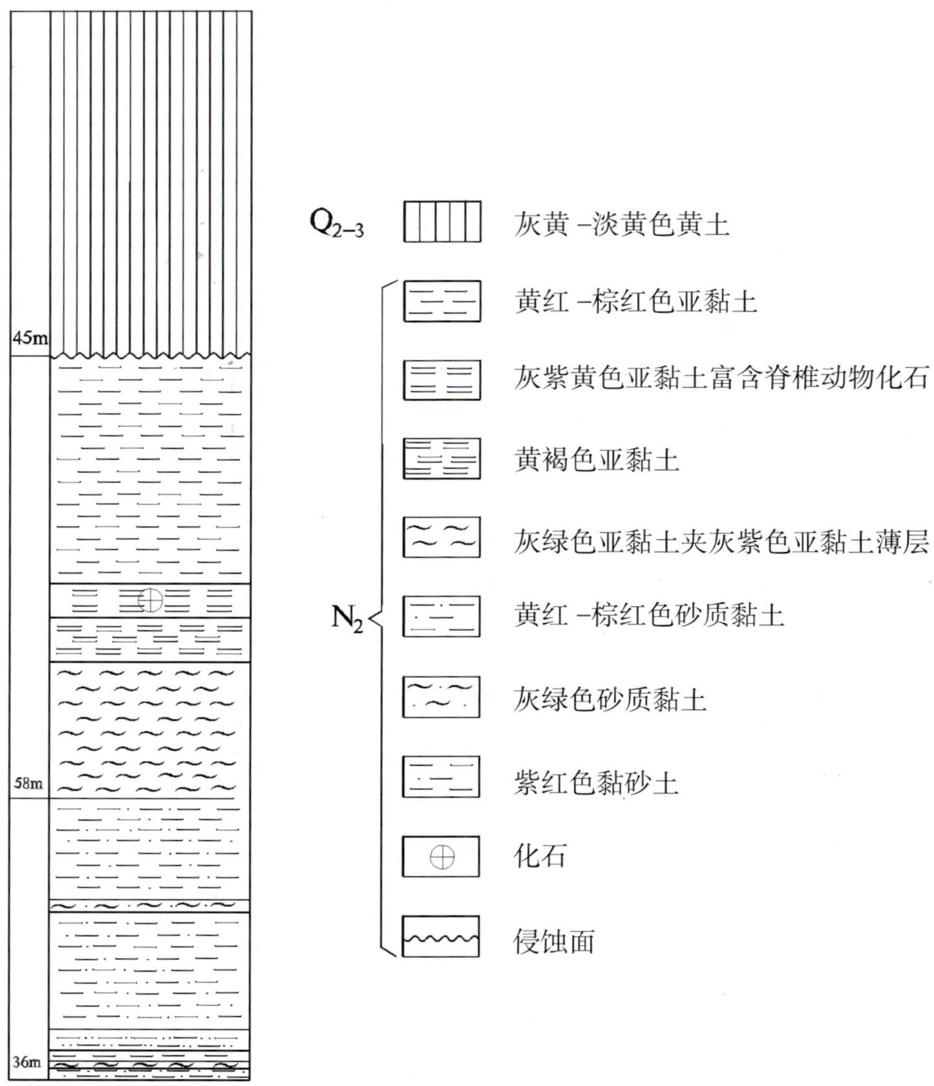

甘肃静宁县水泉沟右岸柱状剖面图（依据秦岭区域地质测量大队）

桑氏大唇犀生态复原图（引自孙丹辉）

桑氏大唇犀复原图（引自孙丹辉）

桑氏大唇犀下颌骨咬合面（Sun et al., 2018）（引自孙丹辉）

4cm

桑氏大唇犀下颌骨侧面（Sun et al., 2018）（引自孙丹辉）

4cm

桑氏大唇犀头骨正型标本（A. 侧面；B. 背面；C. 腹面）（孙丹辉供图）

大唇犀头骨化石（灵台县梁原乡采集）

尺寸：
50cm×28cm×16cm

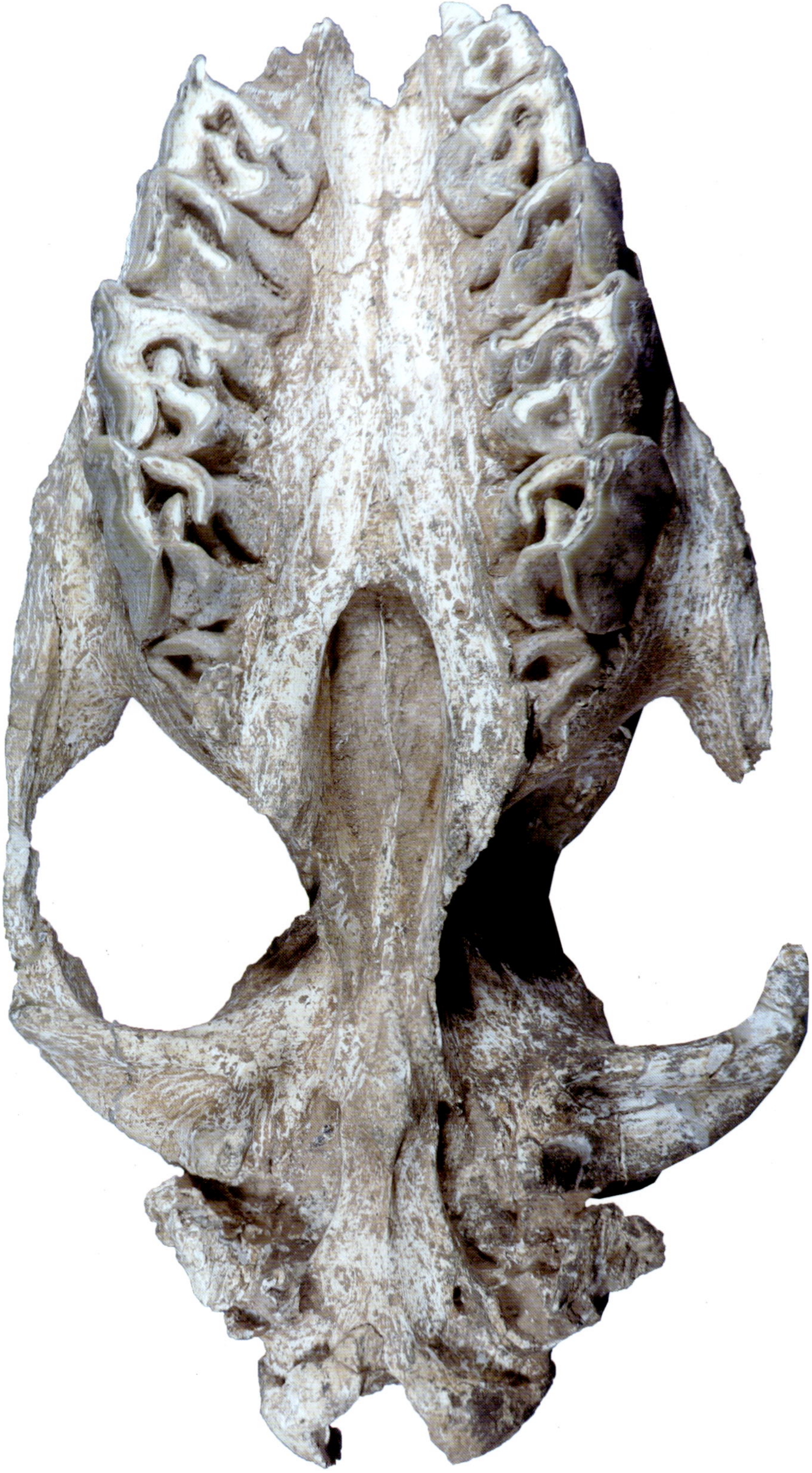

大唇犀下颌骨化石（灵台县梁原乡采集）

尺寸：
47cm×10cm×24cm

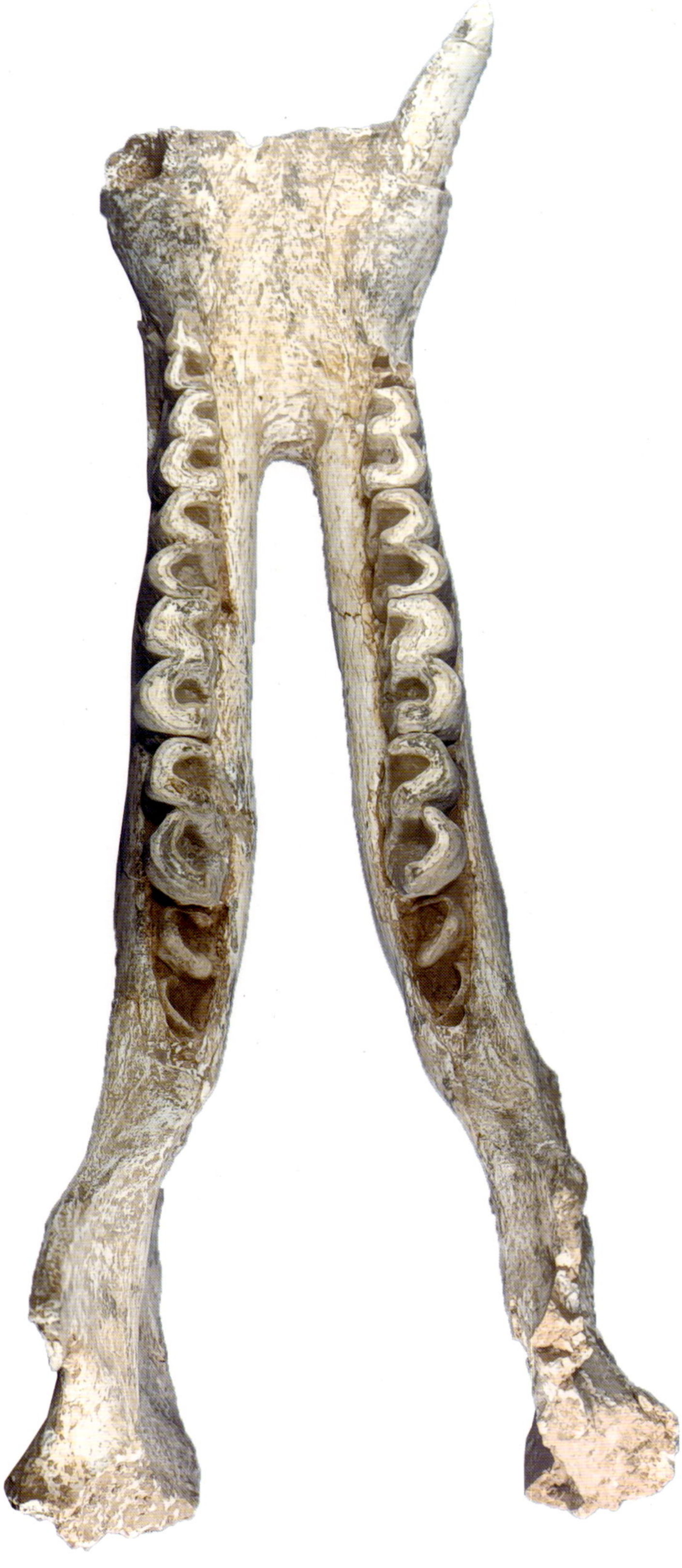

大唇犀头骨化石（民间收藏）

5cm

▼ **大唇犀门齿化石**

13cm

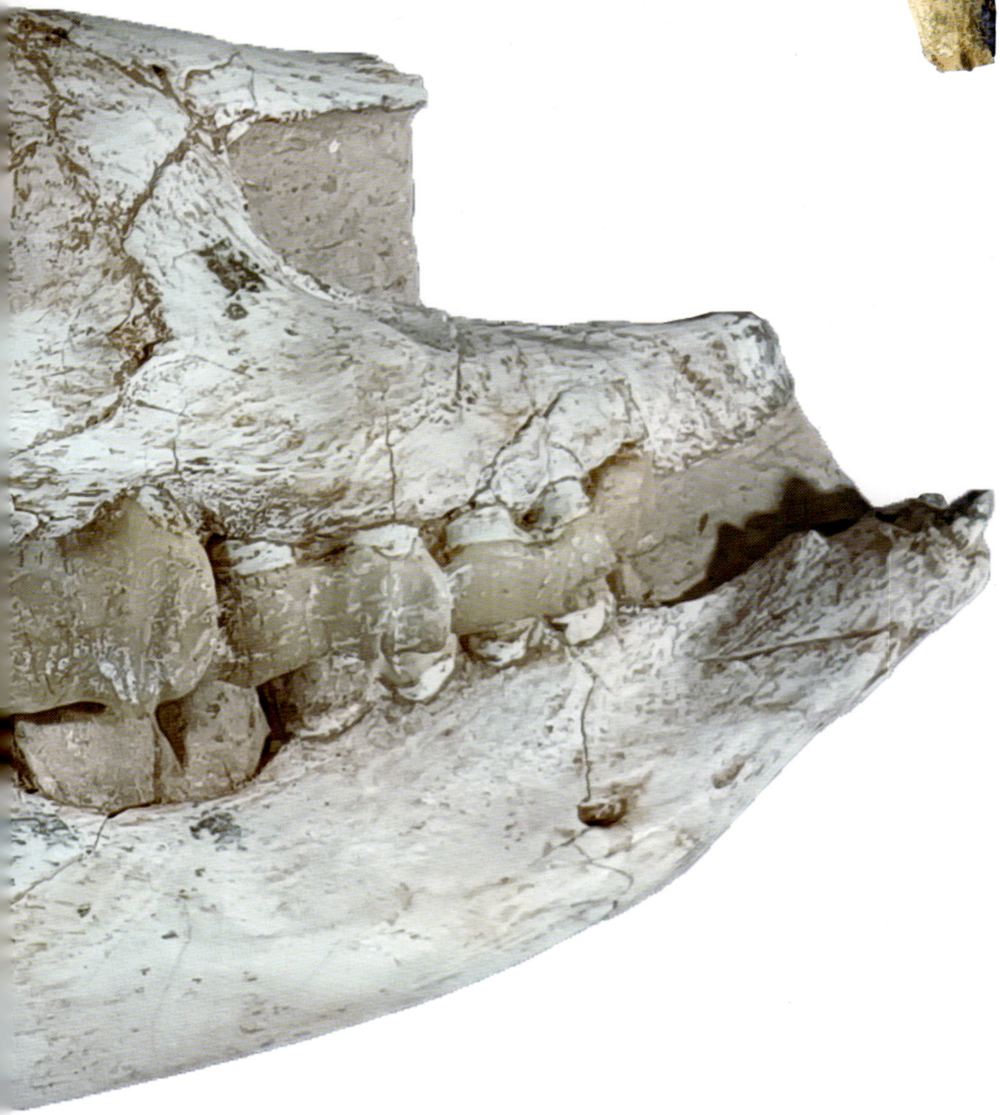

大唇犀复原骨架（和政古动物化石博物馆）

7cm

第六章

早更新世"真马动物群"化石

早更新世（距今约260万~78万年）时期，随着冰期和间冰期的交替，气候也发生了干冷与湿热的交替变化。间冰期，气候温暖而湿润，生活在炎热潮湿环境中的动物群相当繁盛；而冰期，气候干旱而寒冷，出现了适宜生活在荒漠草原的动物群。平凉产出化石以中国长鼻三趾马为代表，包括直隶狼、鬃狗、师氏剑齿象、中国羚羊、锯齿虎、平凉五棱齿象、剑齿虎、古中华野牛等的真马动物群化石，个别化石点见陆龟化石。

剑齿虎（未定种）

Megantereon sp.

产　　地：崇信县、灵台县

时　　代：早更新世（距今约258百万～78百万年）

地　　层：早更新世午城组（Qp^1w）

赋存岩性：浅褐红色亚黏土层

特征描述：具有长而侧扁、呈匕首状或弯刀状的上犬齿，以及可将上、下颌张开很大角度的特殊关节结构。

剑齿虎下犬齿（崇信县新窑镇采集）

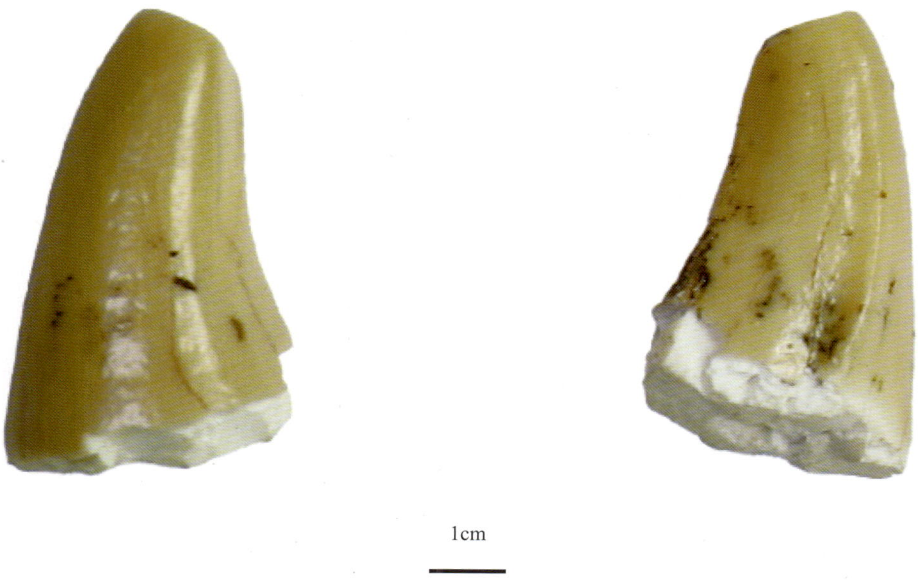

剑齿虎头骨（民间收藏）

2.5cm

剑齿虎头骨（民间收藏）

2.5cm

剑齿虎头骨（民间收藏）

2.5cm

剑齿虎头骨化石右侧视图（民间收藏）

2.5cm

剑齿虎头骨（民间收藏）

2.5cm

钝齿锯齿虎

Homotherium crenatidens Fabrini

化石产地：崇信县

化石层位：早更新世午城组（Qp^1w）

赋存岩性：浅褐红色亚黏土层

特征描述：是一种灭绝的大型猫科似剑齿虎，与剑齿虎是近亲，以巨大侧扁、且齿缘发育锯齿的上犬齿为特征，区别于剑齿虎。锯齿虎外形像猫，但它确有着与大多数猫科动物不同的骨骼特征，是猫科中的另类，它的前肢较长，而后肢则呈下蹲的姿势，故背部倾斜向下，这种四肢的比例与猎狗很像。

锯齿虎下犬齿（崇信县新窑镇采集）

锯齿虎头骨化石右侧视图（民间收藏）

2.5cm

锯齿虎头骨（民间收藏）

2.5cm

锯齿虎头骨（民间收藏）

2.5cm

锯齿虎头骨（民间收藏）

2.5cm

锯齿虎复原图

鼬鬣狗（未定种）

Ictitherium sp.

化石产地：灵台县、泾川县

化石层位：早更新世午城组（Qp^1w）

赋存岩性：浅褐红色亚黏土层

特征描述：鬣狗是食肉目鬣狗科动物的统称。鬣狗的外形像狗，长颈，头比狗的头短而圆，头骨粗壮，头长吻短；犬齿、裂齿发达，咬力强；后肢较前肢短弱，肩高而臀低；四肢各具有4趾，爪大，不能伸缩。鬣狗类的头部和外形虽然与狗或狼较为相像，但实际上是猫型亚目的一员，和灵猫的关系很近。

鬣狗头骨化石（泾川县汭丰镇）

3cm

鬣狗头骨化石（泾川县汭丰镇）

鬣狗头骨化石（泾川县泃丰镇）

3cm

鬣狗头骨化石（泾川县汭丰镇）

3cm

鬣狗臼齿化石（民间收藏）

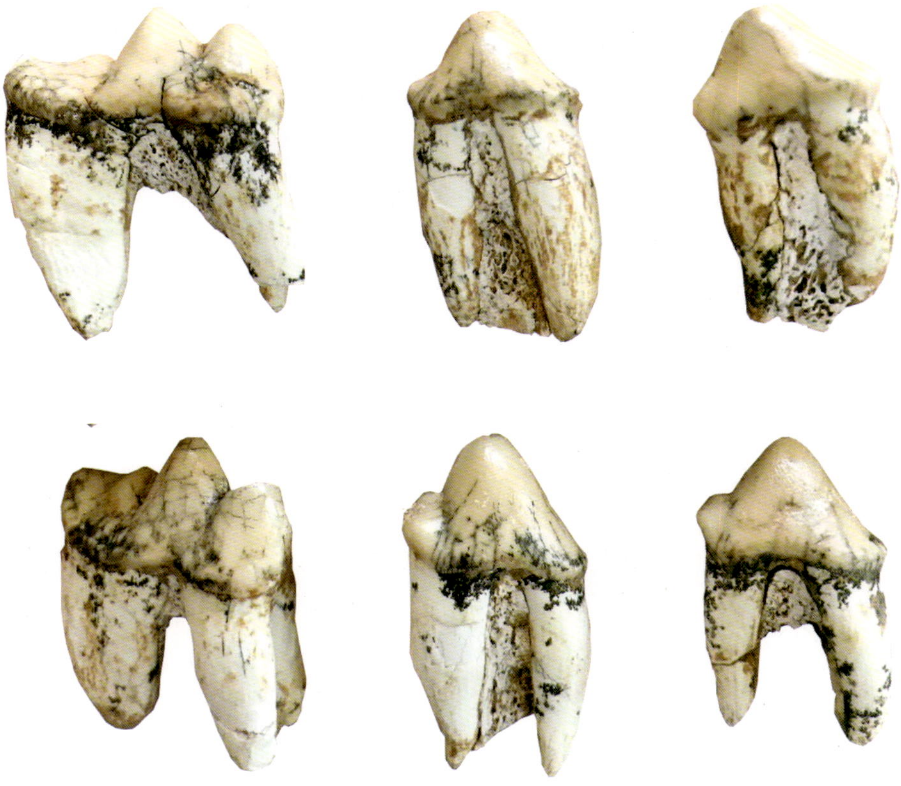

2cm

鬣狗骨架化石（民间收藏）

5cm

丽牛

Leptobos sp.

化石产地：崇信县

化石层位：早更新世午城组（Qp^1w）

赋存岩性：浅褐红色亚黏土层

特征描述：生活在早更新世到中更新世亚欧大陆的原始牛科动物，相对其他牛科动物，丽牛体型较为纤细，矮小，角细长而成扁柱状，雌性则没有角，在草原上群居生活。

丽牛头骨化石正视图（民间收藏）

5cm

丽牛头骨化石侧视图（引自汇图网）

丽牛复原图

中国羚羊

Gazella sinensis Teilhard et piveteau

化石产地：灵台县

化石层位：早更新世午城组 (Qp^1w)

赋存岩性：浅褐红色亚黏土层

特征描述：角心长大，表面有深沟，横切面圆形或椭圆形。下前臼齿为进步型。下 p4的下前尖与下后尖连接。

中国羚羊头骨化石（民间收藏）

2cm

中国羚羊头骨化石（民间收藏）

2cm

中国羚羊角（民间收藏）

尺寸: 长 13cm　直径 3cm

中国羚羊蹄（民间收藏）

尺寸：长 15cm　宽 5cm

古中华野牛

Bison palaeosinensis Teilhard et Pivetenu

化石产地：灵台县

化石层位：早更新世午城组（Qp^1w）

赋存岩性：浅褐红色亚黏土层

特征描述：古中华野牛是中国记录的第一种可靠的化石野牛，个体较小，头骨面部较短，头骨特征显示它们较为原始。四肢要比后期野牛纤细。最早发现于河北省泥河湾盆地，是著名的泥河湾早更新世哺乳动物群的成员。

古中华野牛骨架化石（引自国家岩矿化石标本库）

古中国野牛颌骨化石（引自国家岩矿化石标本库）

2cm

古中华野牛复原图（陈瑜　绘）

中国长鼻三趾马

Proboscidipparion sinensis Sefve

化石产地：灵台县、崇信县

化石层位：早更新世午城组（Qp^1w）

赋存岩性：浅褐红色亚黏土层

特征描述：长鼻三趾马的化石主要发现于中国北方，生活在上新世到早、中更新世，是灭绝最晚的三趾马之一。与早期的三趾马属成员相比，长鼻三趾马的体型较大，鼻骨高度向后退缩，有一个比马更灵活、拉长的口鼻部，有些像貘的鼻子，故有“长鼻”之名。此外，长鼻三趾马的牙齿非常坚硬耐磨，适宜啃食粗糙的干草。

中国长鼻三趾马头骨（陈瑜　绘）

中国长鼻三趾马头骨（和政古动物化石博物馆）

3cm

中国长鼻三趾马头骨侧视图（引自中科院古脊椎所，邓涛　供图）

5cm

▼中国长鼻三趾马门齿化石（灵台县梁原乡采集）

1cm

▼中国长鼻三趾马肱骨化石（灵台县百里镇采集）

3cm

▼中国长鼻三趾马肱骨化石（崇信县新窑镇采集）

3cm

中国长鼻三趾马下颌骨化石（灵台县梁原乡采集）

尺寸：35cm×11cm×20cm

真马（未定种）

Equus sp.

化石产地：灵台县邵寨镇黎家河村坪道湾社、崇信县新窑镇新窑村芦家塬社

化石层位：早更新世午城组（Qp^1w）

赋存岩性：浅褐红色亚黏土层

特征描述：真马是古生物学上对现代马的称呼，所有现生的马类都属于真马属。该物种约在450万年前出现，体型与现代马的大小差不多，头骨大而狭长，门齿宽而排列紧密，四肢高度特化，掌骨很长，趾骨较短，中趾发达，指甲变成了坚硬的蹄子。真马在更新世时扩散到其他大陆，在第四纪时广泛分布在各洲。

真马臼齿化石（崆峒区峡门乡采集）

1cm

真马臼齿化石（崆峒区峡门乡采集）

2cm

灵台县发现的真马头骨化石（民间收藏）

2.5cm

真马骨架复原图（和政古动物化石博物馆）

7cm

猪（未定种）

Sus sp.

化石产地：灵台县梁原乡东门村

化石层位：早更新世午城组（Qp^1w）

赋存岩性：浅褐红色亚黏土层

特征描述：单趾马蹄，短的肢骨、门齿宽而排列紧密、头骨大而狭长、小到中等的体型，是马科中最进步的一属。是欧亚大陆上最原始的古马型真马，它与简齿马在形态上有一些相似的特征，而简齿马是所有真马的祖先类型。

斯氏弓颌猪复原图

猪类犬齿化石（民间收藏）

斯氏弓颌猪头骨化石（引自河南地质博物馆）

5cm

鹿（近似大角鹿）

Cervus (cf. *Euclenoceros*) sp.

化石产地：崇信县

化石层位：早更新世午城组（Qp^1w）

赋存岩性：浅褐红色亚黏土层

特征描述：中等到大型的鹿类，鹿角分枝较多，各分枝从主枝上以较大的角度分出；分枝没有次一级的分枝。

鹿类牙齿化石（崇信县新窑镇采集）

2cm

鹿类上颌骨化石（灵台县梁原乡采集）

2cm

鹿类头骨化石（庆阳市华池县博物馆）

4cm

师氏剑齿象

Stegoton zdanskyi Hopwood

化石产地：灵台县、崇信县、泾川县

化石层位：早更新世午城组（Qp^1w）

赋存岩性：浅褐红色亚黏土层

特征描述：1973年，庆阳市合水县板桥公社田窑大队穆旗生产队所在的马莲河畔出土完整的剑齿象化石，然而，板桥出土的剑齿象并不是陇东地区唯一的个体，它也与同族共生，近几年，平凉市也相继发现多件剑齿象门齿化石。剑齿象是大型的象类，它身高4m，体长8m；头骨和真象的类似，下颌联合部短，无下门齿，上门齿长而直，无珐琅质带；门齿长达 3.05m，好像两把长剑，所以又叫剑齿象；颊齿冠低，属脊齿型，中间臼齿具5个或 5个以上齿脊。

剑齿象臼齿化石（灵台县博物馆）

3cm

剑齿象门齿化石（泾川县白家村）

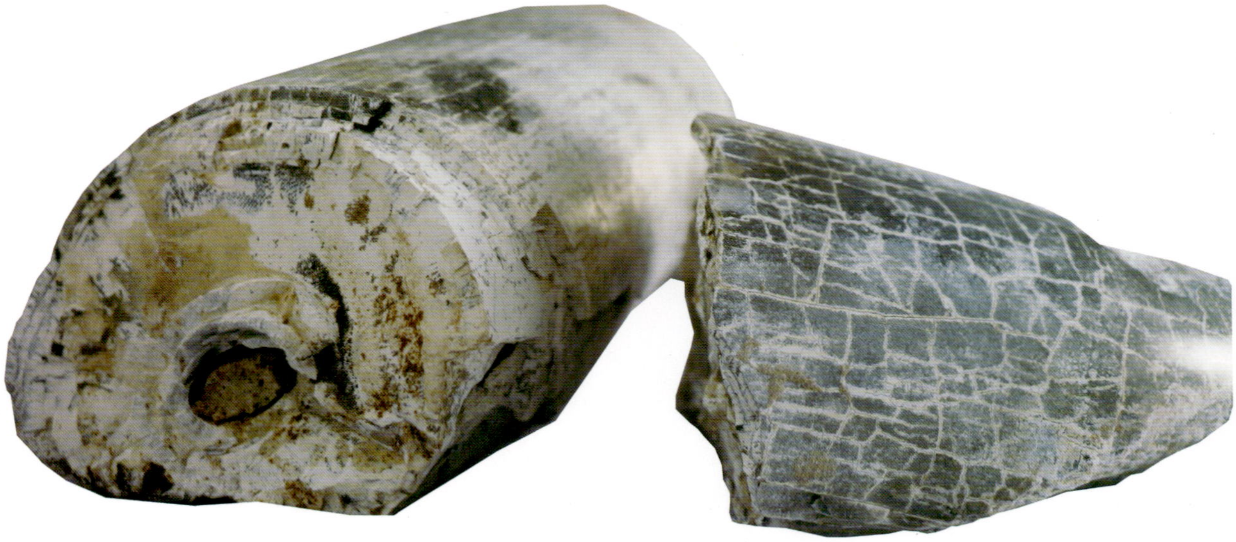

3cm

剑齿象门齿化石断面（泾川县白家村）

3cm

剑齿象骨架复原图（庆阳市博物馆）

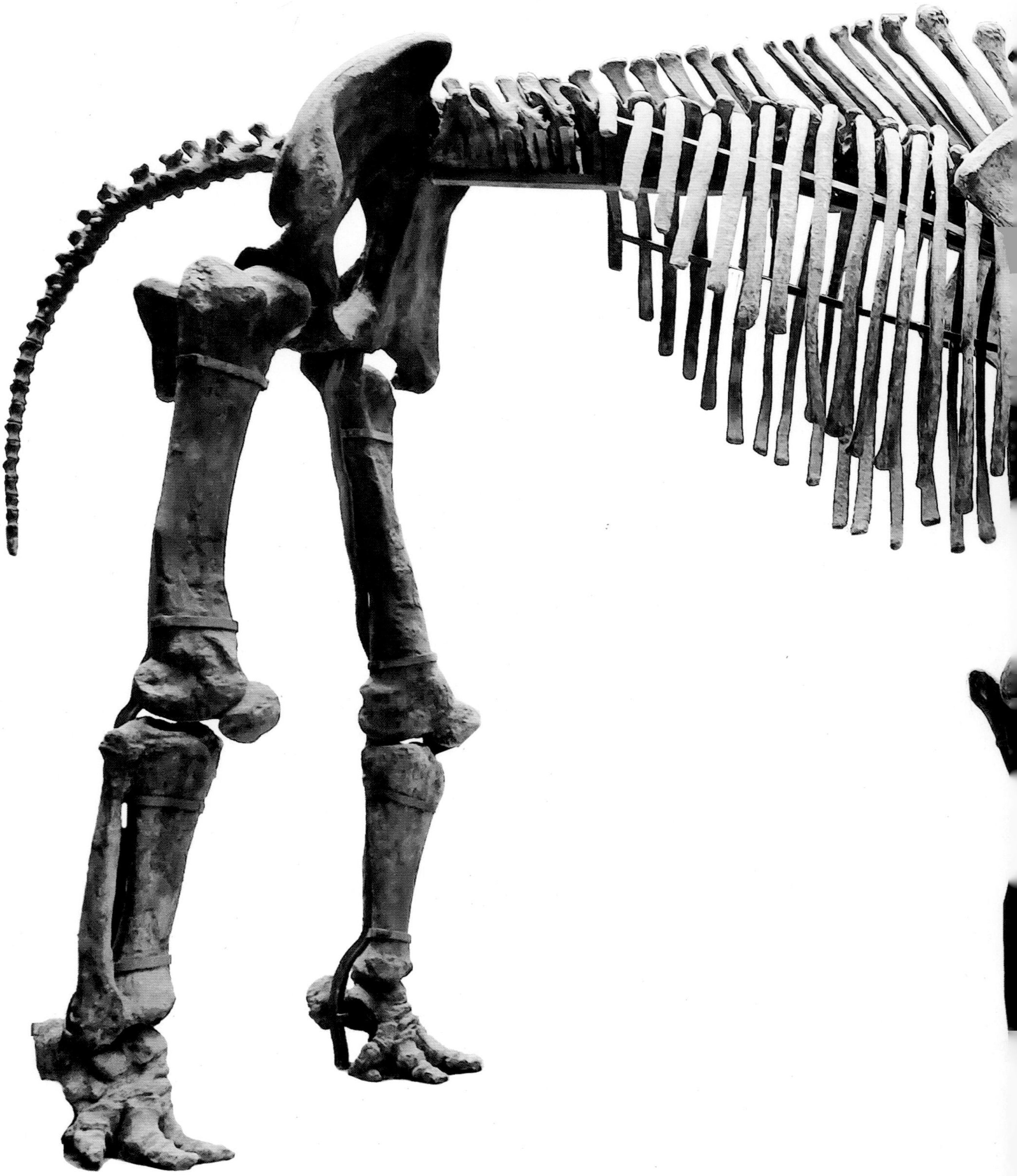

30cm

剑齿象门齿化石（平凉市博物馆）

20cm

剑齿象门齿化石断面（泾川县白家村）

3cm

剑齿象复原图

五棱齿象

Pentalophodon pingliangensis

化石产地：平凉市（收集）

化石层位：早更新世午城组（Qp^1w）

特征描述：臼齿狭长，有七个齿脊；前面五个齿脊主副齿柱交错排列；齿柱粗壮，脊谷很窄，特别是古侧（主齿柱）前后几乎相互接触；主、副齿柱长轴方向与牙齿长轴几乎正交；齿带不发育，白垩质少。

左下第三臼齿嚼面视（引自宗冠福，1979 年）

6cm

左下第三臼齿舌侧视（引自宗冠福，1979 年）

6cm

圆镜中国龟

Sinemys lens

化石产地：灵台县、崇信县、泾川县

化石层位：早更新世午城组（Qp^1w）

赋存岩性：浅褐红色亚黏土层

特征描述：为隐颈龟亚目中高度适应陆地生活的龟类，背甲高凸，甲壳完全骨化，壳外披盖角质盾片。腹甲与背甲缝连。骨桥宽，肋缘沟与肋缘缝一致。椎板成八角形和四边形交替排列。

陆龟化石背面（民间收藏）

2cm

陆龟化石头部视角（民间收藏）

2cm

陆龟化石腹面（民间收藏）

2cm

陆龟化石腹面（灵台县百里镇采集）

2cm

陆龟化石背面（灵台县百里镇采集）

2cm

| 集中埋藏的陆龟化石（民间收藏）

第八章

晚更新世萨拉乌苏动物群化石

在新生代第四纪更新世晚期，平凉市为寒冷干旱草原环境，产出泾川人头骨、中华鼢鼠、普氏野马、最后斑鬣狗、披毛犀、原始牛、普氏羚羊等化石。

最后披毛犀

Coelodonta antiquitatis Blumenbach

化石产地：泾川县泾明乡白家村牛角沟

化石层位：晚更新世马兰组（萨拉乌苏动物群化石）

特征描述：披毛犀是一类已经灭绝的犀牛，因全身披满厚长而浓密的绒毛得名。披毛犀具有强壮的骨骼，头骨长且大，头颈部向下低垂；额骨和鼻骨上各长有一只犀角，鼻角尤其长大，向前倾斜伸出；臼齿齿冠很高，釉质层厚，有许多褶皱；齿凹内充填了致密的白垩，适合于咀嚼质地干燥地的草本植物。一般认为是在更新世冰期气候条件下发展起来的。

披毛犀生态复原图（引自中科院古脊椎所报道）

披毛犀胯骨化石（泾川县泾明乡白家村牛角沟）

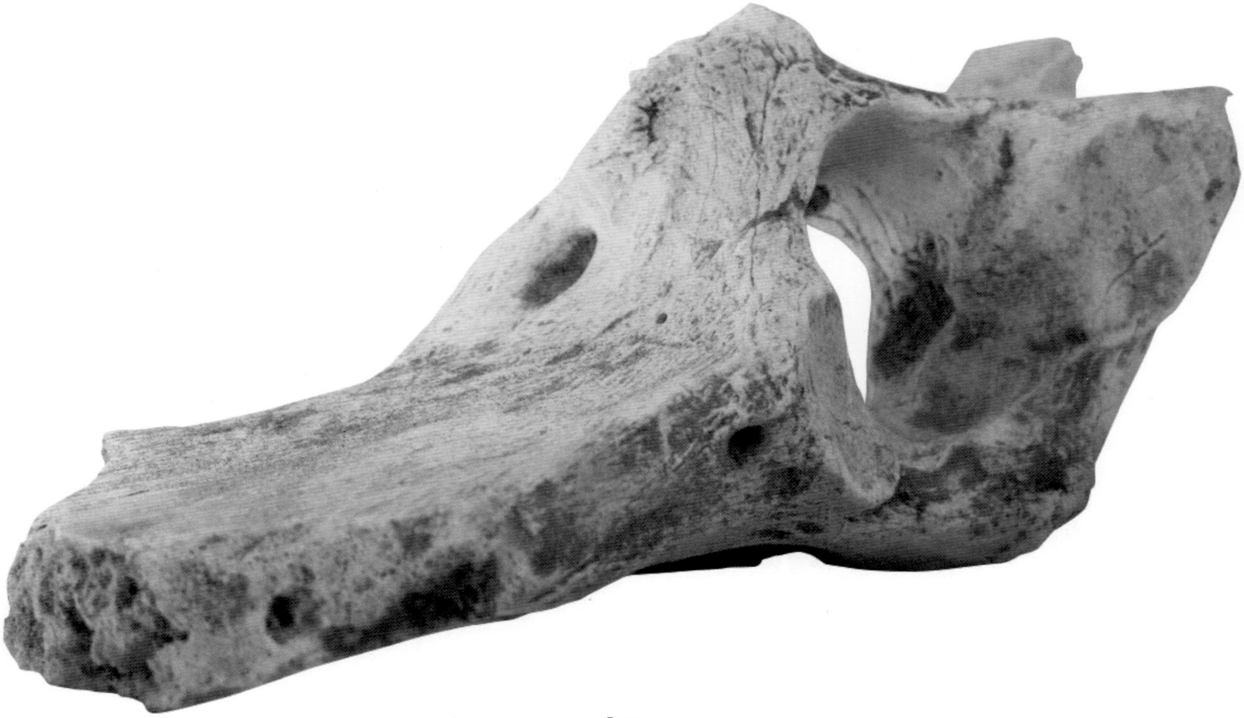

5cm

披毛犀角化石（泾川县泾明乡白家村牛角沟）

5cm

普氏野马

Equus przewalskii Poliakoff

化石产地：泾川县泾明乡白家村牛角沟

岩石层位：晚更新世马兰组

特征描述：体型健硕，体长2.8m，身高1m以上，形似家马，普氏野马是唯一现存的野生马种，因数量稀少，是珍稀濒危物种。

普氏野马（现存大约有2000匹）

普氏野马上颌骨化石（引自国家岩矿化石标本库）

3cm

普氏野马头骨化石（引自国家岩矿化石标本库）

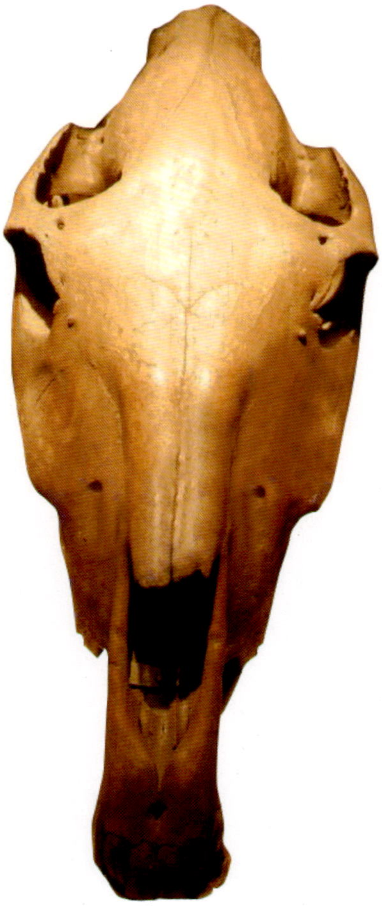

4cm

泾川人

Jingchuan human

化石产地：泾川县泾明乡白家村牛角沟

化石层位：晚更新世马兰组

【泾川人头骨化石发现记】

1973年10月6日中午时分，甘肃泾川县泾明公社驻队干部刘玉林正和农民在后河劳动，大队副支书史有连跑来说："公社来人了，要你马上回公社去！"后河离公社20多里，当时已错过班车，也无自行车，刘玉林只能小跑加步行。离公社还有多一半路程时，一辆吉普车突然在他身边停下，拉上他直奔公社。

在公社门口，慕刘玉林之名而来的贾兰坡教授一行及有关领导、专家正焦急等待因发现旧石器而有名气的刘玉林，要看他捡到的宝物。刘玉林从办公桌下拿出三块破石头，贾老边看一块较大的石头，指着其上的疤痕对古脊椎动物与古人类研究所教授卫奇说："非常典型，人工打击痕迹非常清楚！还有这层厚厚的钙质结核层（石皮），应该是旧石器没有问题！"接着又看了另外两个石片，都认为是人工打制的石器。贾老问刘玉林："你是怎么认出它们是石器的？"刘玉林脱口而出："是书上看的！"贾老笑了笑说："这些石头都不是自然破碎的，是人有意打出来的！这是石头和石器的根本区别。"贾老让刘玉林带他们去看捡到石器的地点，即从公社门前过泾河，经苏家河再去白家大队。

牛角沟遗址

一场暴雨后，车子陷在河滩淤泥中，公社领导叫来农机站的拖拉机把吉普车拖出烂泥坑，只好绕道公路到吊堡子，然后趟水过河。不能下水的叫了农民背过河去，刘玉林也背一人过了河，大家步行约1里路到了白家东沟，在沟口不远处的沙砾层中发现了一些动物化石。刘玉林找到了一枚三趾马牙，贾老认为地层比较古老，不是出石器的地层，刘玉

尖状器

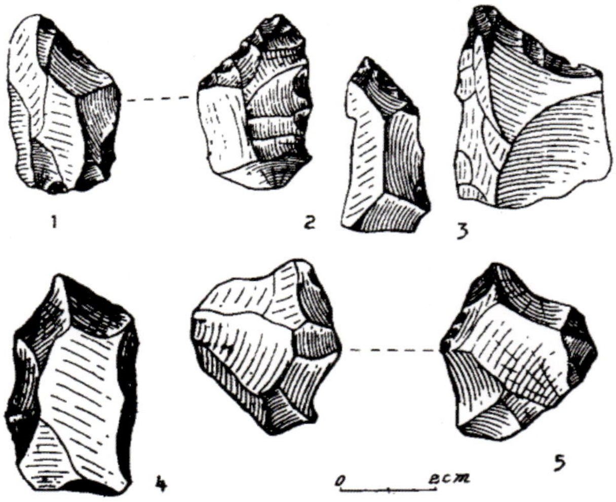

刮削器

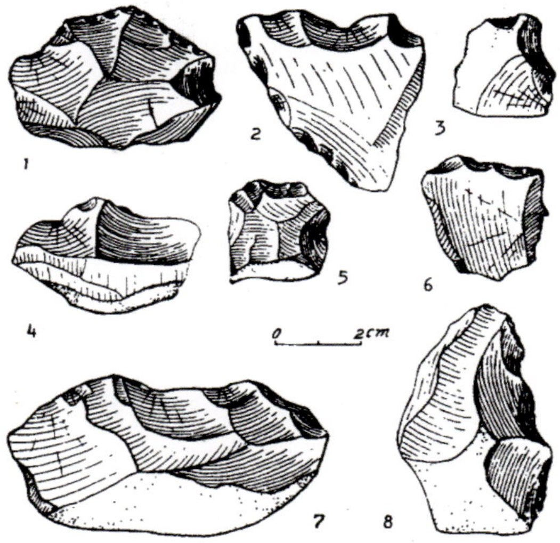

林便带他们到东沟东岸的牛角沟出石器的灰绿黄色地层出露的地方。贾老仔细察看后，很肯定地说：“这里应该是出石器的地层，你今后要多关注这个地方，有可能发现更多的石器，还有发现人类化石的可能。”他还仔细察看了周围的地形地貌，脸上不时露出微笑，认为这里是一块风水宝地，将来一定会有重大发现。

自贾兰坡教授来过后，刘玉林时常到东沟去转悠，发现了牛角沟出石器的地层，又先后发现了马、牛、鼢鼠、犀牛等动物化石和80多件石核、石片和石器。

1974年5月1日，全公社劳力集中在白家东沟植树造林，下午收工后，刘玉林沿着沟边走，想看看动过土的地方是否会有新的发现，结果在沟口一块新平整出台地上旁边的水平沟旁，发现了一片很薄的骨片。刘玉林起初以为是动物化石，但捡起来仔细一看，又好像是人的头骨碎片，他便在挖出的积土中翻来覆去寻找，终于找到了四五块骨片，经过拼对，能拼接在一起，但离一个完整的头骨还差很多。刘玉林整整在那里折腾了一个多星期，共找到右额骨鳞部一小片、右顶骨的大部、较完整的右颞骨、枕骨的大部和左顶骨的一小部分，可拼接成一个不完整的人类头盖骨。

这是不是人类化石？刘玉林不敢肯定，以他的经验，凡动物化石都有很脆、易折不弯的特性，即没有柔韧性，又有很强的吸附性。试验的方法很简单，他把化石放在舌尖上，化石马上与舌尖粘住了。这件头骨破碎成多片，说明它是脆弱的，从表面看也与普通骨头有明显的区别，他认为是化石，但他说了有谁能相信呢？刘玉林先后找了泾川县文化馆、平凉地区博物馆和甘肃省博物馆的专家看过，没有一个人敢肯定它就是人类化石。刘玉林不甘心，一直没有舍得扔掉，这些化石整整跟了他10年，一直到1983年，刘玉林带着这些头骨化石去北京，找到著名的考古学家贾兰坡教授，之后经过中科院古脊椎动物与古人类研究所的鉴定，才认定这就是人类化石，并命名为“泾川人”。

1984 年刘玉林等绘制的泾川人化石地点地层剖面

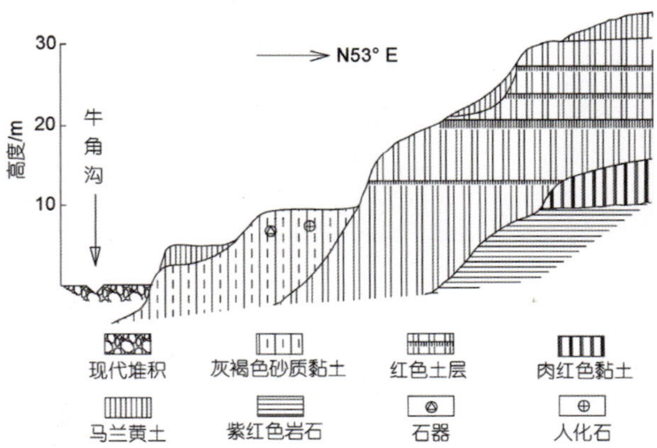

【泾川人头骨化石的产出层位】

泾川人头骨化石产出地点的堆积层由灰褐色

砂质黏土组成，内含旧石器。这个堆积层不整合地覆盖在午城黄土层(出露厚度约4 m)之上。据刘玉林等人报告出示的地层剖面图，含化石和石器堆积出露的厚度约10m。20世纪70年代当地人在牛角沟一带黄土塬的坡面上修筑梯田植树，原来的堆积层受到很大扰动。现在保存的堆积厚度已不及10 m。

【泾川人头骨化石的特征】

泾川人头骨化石呈淡黄褐色，有一定程度的石化。化石出土时已裂为多块，后经过粘接，构成为一个不完整的头盖骨。保存部分有：右额骨鳞部一小片；右顶骨的大部(缺失左上角)，左顶骨的右下角；部分较完整的右颞骨，小部分左颞骨；枕骨的大部分。冠状缝、人字缝、矢状缝和顶颞缝清晰可见，除矢状缝顶孔间区段有部分愈合外，其他骨缝都未愈合。参考有关学者对骨缝愈合年龄的研究，此头骨年龄可能为20多岁，头骨表面有多处蚀刻痕迹，可能是植物根系及真菌直接接触后生长所产生的酸腐蚀的结果。顶面观，头骨近卵圆形，右侧顶结节显著，最大宽位于颞骨的中上部。顶孔前方的矢状脊微弱隆起，顶孔区向后的区域略微平坦。右侧面观，头骨圆隆，乳突发达，角圆枕不存在。颞骨鳞部的上缘呈弧线形，乳突上脊清晰可见。左侧面观，顶骨侧面的残余部分似乎平直。枕面观上项线、最上项线较为明显；枕骨圆枕呈条带状，表现微弱；枕外隆凸明显，枕项平面呈圆弧形转折；枕骨上项线以上保存部分骨面粗糙，枕脊显著。内面观顶骨内表面乳突角处有乙状沟，脑膜中动脉前后支均细，与现代人相似。

泾川头骨化石不同侧面观 (a) 右侧面；(b) 顶面；(c) 左侧面；(d)，(e) 枕面

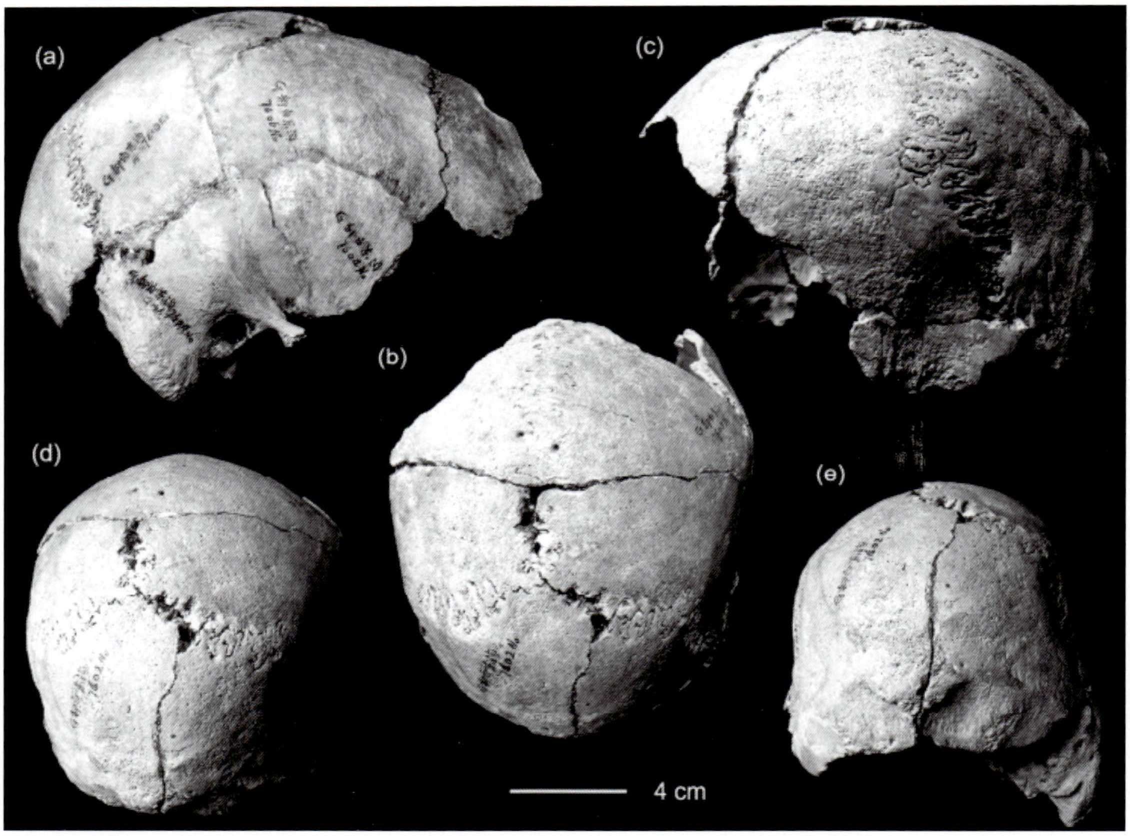

【泾川人头骨化石的科研价值】

泾川人头盖骨化石在人类进化系统中处于更新世晚期智人阶段，枕外隆凸的存在是基因交流的证

据，其所显示的人种特征与蒙古人种相符，填补了5万至10万年前中国没有现代人的空白，证明在5万年以前泾川地区就有人类生存，对揭示该地区旧石器时代文化面貌具有重要价值。泾川人头骨化石的再研究，为现代人类多地区起源和连续进化附带杂交的学说提供了证据，证明现代中国人起源于中国本土，而不是来源于非洲，中国人不但有8000年(大地湾遗址考古结论)的华夏文明，而且有数十万年的史前历史。

泾川头骨化石（泾川县博物馆）

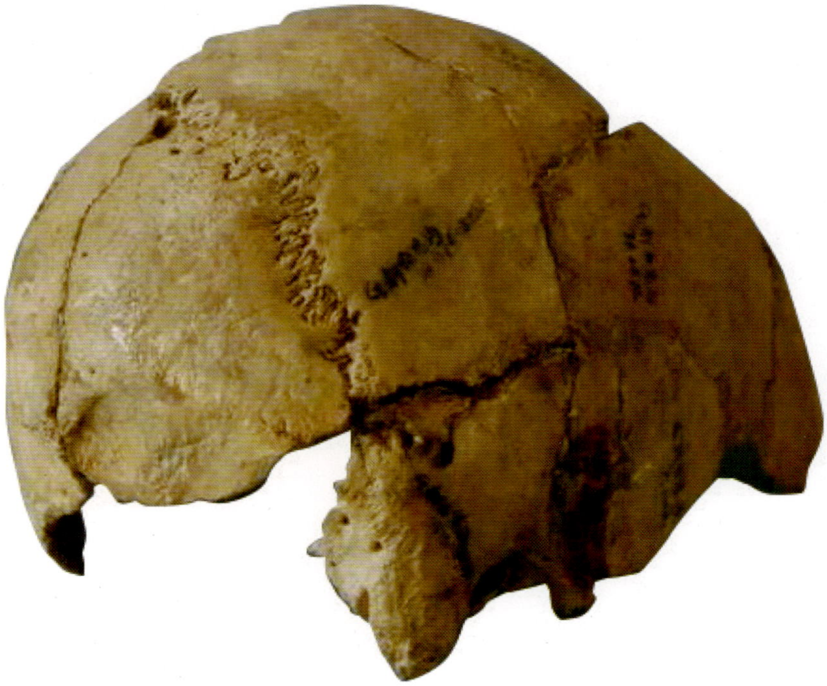

人类的演化树

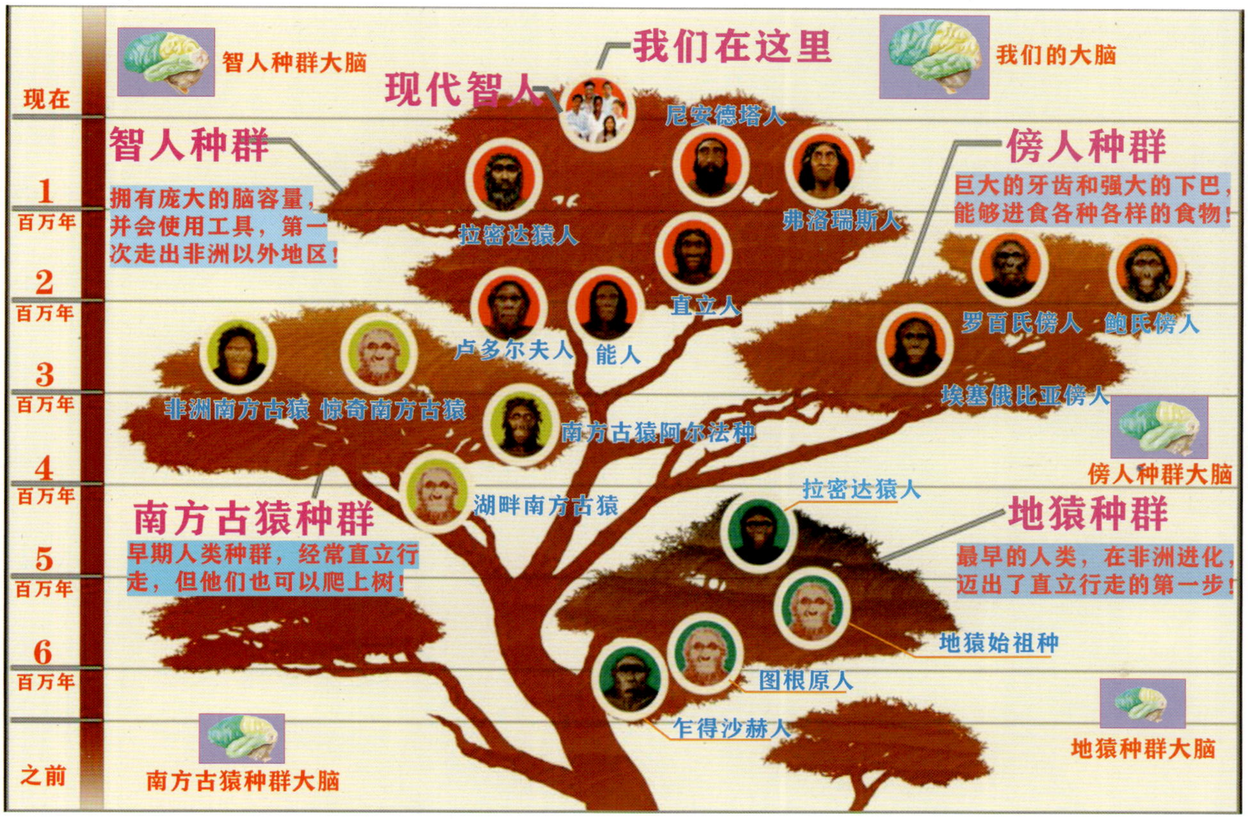

第九章

化石保护与管理

近年来，平凉市各级人民政府和自然资源管理部门高度重视古生物化石保护工作，一是重视化石原址的保护工作。二是重要化石标本的保护工作。三是积极争取了省级古生物化石保护项目资金支持，采取了采洞封堵、植被恢复、视频监控、科普宣传、警示教育等一系列保护措施，取得了较好的化石保护效果。

第一阶段：1949年前的化石科学考察

1924年，中国著名地质学家、地貌第四纪地质学家、地质教育家袁复礼先生，来到平凉寻找煤矿，却未料到，在银洞官庄发现了笔石化石。

第二阶段：1949年后的化石研究

平凉是中国古生物化石资源尤为丰富的地区之一，1959年陕西省地质局寄给中国科学院古脊椎动物与古人类研究所几种上新世哺乳类化石，揭开了平凉市古脊椎动物研究的序幕。

1974年刘玉林在泾川县城东南约35km的泾明镇白家村附近牛角沟发现"泾川人"头骨化石，经贾兰坡等人研究，"泾川人"距今约3万~5万年，是甘肃境内第一个、也是泾河流域第一个人类化石，中国科学院古脊椎动物和古人类研究所研究表明，该化石的发现填补了中国乃至欧亚大陆人类进化史上尚未发现的现代智人化石标本，力证了我们的祖先起源于中国本土，而非世界人类起源于非洲之说。

"平凉古菱齿象"出土于平凉市崆峒区沙塬村，经考古专家1983年正式定名，被认为是史前古象中的一个罕见新种，平凉古菱齿象是亚洲象的直系祖先，它的发现在研究古象向现代象进化历程方面，具有非常重要的物证价值，也为研究古生物史、环境史、地质史等提供了有力的实物佐证。

此外，20世纪60~80年代，平凉市境内发现多处古生物化石产地，经西北大学地质系、中国科学院西安第四纪地质与黄土国家重点实验室、中国科学院古脊椎动物与古人类研究所、重庆中国三峡博物馆三峡古人类研究所、甘肃平凉博物馆、中国科学院研究生院、香港大学地球科学系、甘肃省博物馆等科研单位调查和发掘，化石标本保存于各市县博物馆，化石标本主要有"泾川人"化石、古菱齿象、三趾马、披毛犀、鼬鬣狗、鹿、羚羊、大唇犀、日进鼠属、平凉双头笔石、狼鳍鱼等数十种，研究成果以科学文献的形式进行了报道。

牛角沟遗址

笔石化石

第三阶段：新时期的化石保护管理

自20世纪60年代开始，平凉市就存在群众采挖化石的现象，群众将古哺乳动物化石当作“龙骨”，采挖后卖到药材收购店赚取利益。依据《古生物化石保护条例》（国务院令第580号），甘肃省自然资源厅及平凉市政府和自然资源部门组织专家对平凉市古生物化石产地进行了实地调研，平凉市古生物化石资源丰富，但是盗采乱挖较为严重。为了打击盗采乱挖古生物化石的行为，甘肃省自然资源厅、甘肃省财政厅提供省级古生物化石保护专项资金支持，采取一系列保护措施，取得了较好的保护效果。

当地村民向调研组介绍化石产地情况

（1）化石保护的管理工作

2020年7月，甘肃省自然资源厅组织平凉市自然资源局、甘肃省古生物化石专家委员会办公室等单位的专家对平凉市崇信县、灵台县的部分化石盗采情况进行了实地调研。

调研组实地察看化石产地情况

2021年5月11日，甘肃省自然资源厅矿产资源保护监督处组织专家对甘肃省平凉市古生物化石调查保护项目的资金使用、项目进度进行督导检查，并对平凉市崆峒区的部分化石产地盗采情况进行了实地检查。

丨 专家组听取项目工作汇报

丨 专家组实地察看化石产地情况

2021年12月6~8日，平凉市自然资源局组织专家组对甘肃省平凉市古生物化石调查保护项目野外工作进行了验收，经专家组讨论，野外验收予以通过，验收为优秀级(92分)。

专家组检查项目成果资料

专家组实地检查项目野外工作

（2）古生物化石专项调查

丨 野外调查

丨 灵台县梁原乡杜家沟村早更新世哺乳类化石产地全景

野外调查

（3）古生物化石科普宣传及培训

为了提高干部群众对古生物化石的科普认知水平，相关部门印编了平凉市古生物化石保护宣传折页1万张；编制平凉市古生物化石保护科普图书1本；制作安装各类警示牌、宣传牌25块；组织化石保护管理工作人员培训240人次。

科普宣传折页（正面）

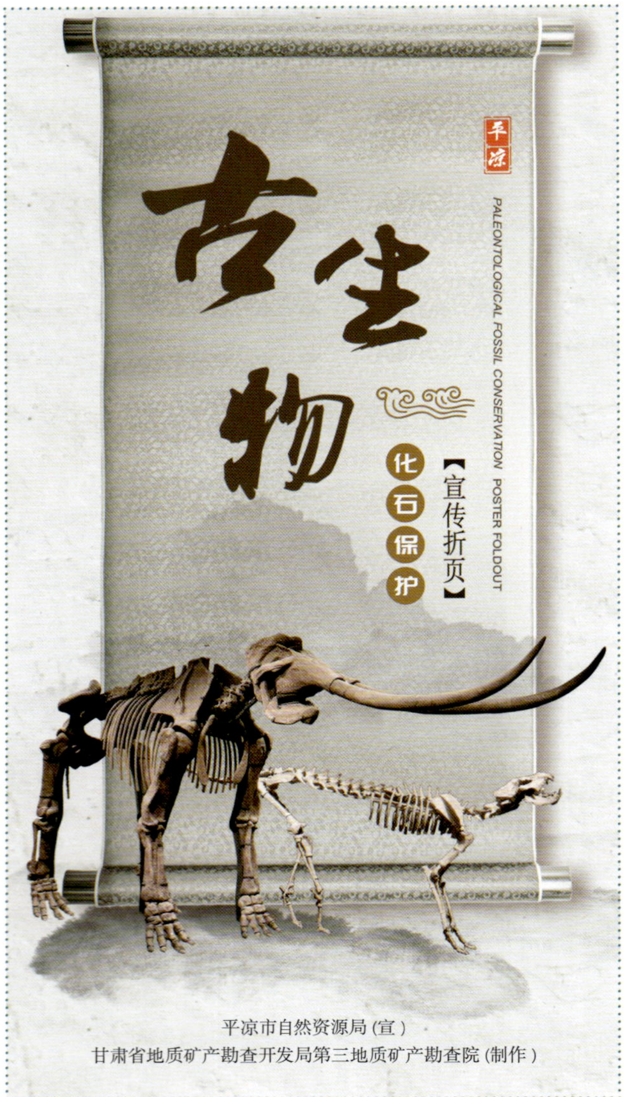

◎平凉市古生物化石资源概况

平凉地区是我国古生物化石资源尤为丰富的地区之一，已发现中奥陶世笔石化石点1处，早白垩世狼鳍鱼化石点3处，第四纪哺乳类动物化石点60余处。在研究古地理、古环境、古气候变化及古生物演变方面具有重大学术价值和科普意义。

◎平凉市化石点分布图

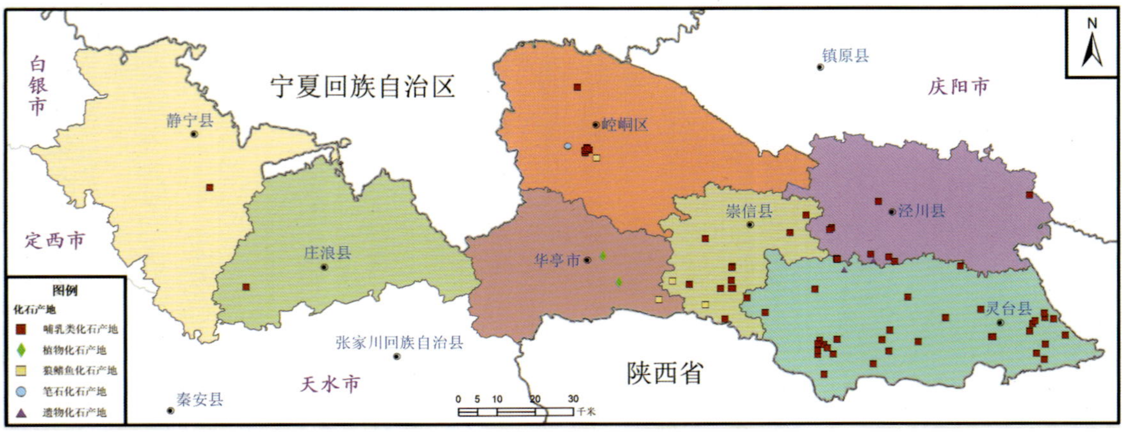

◎笔石（中奥陶世）

平凉市崆峒区崆峒镇鸭儿沟村银洞官庄北侧的山坡上产大量笔石化石，赋存于中奥陶统平凉组地层中(距今约470百万~458百万年)，“笔石”是一类已灭绝的海生群体型动物，由于化石经常是以碳质薄膜方式保存，如同以笔在石上书写所留下的痕迹而得名。

笔石

笔石复原图

狼鳍鱼

◎狼鳍鱼（早白垩世）

华亭南川、平凉峡中和崇信神峪河一带的早白垩世罗汉洞组泥岩中含有大量的狼鳍鱼化石狼鳍鱼是一种原始的真骨鱼类，生活于中生代后期(距今约145百万~100百万年)，现已灭绝。

◎平凉古菱齿象（中更新世）

平凉古菱齿象化石出土于平凉市崆峒区大秦乡沙塬村，产出地层为第四纪中更新世离石组浅红色砂质黏土层中(距今约100万年)。平凉古菱齿象是最原始的古菱齿象—游河象的后裔，又是亚洲象的直系祖先，这在象类进化史上具有重大意义。

平凉古菱齿象臼齿

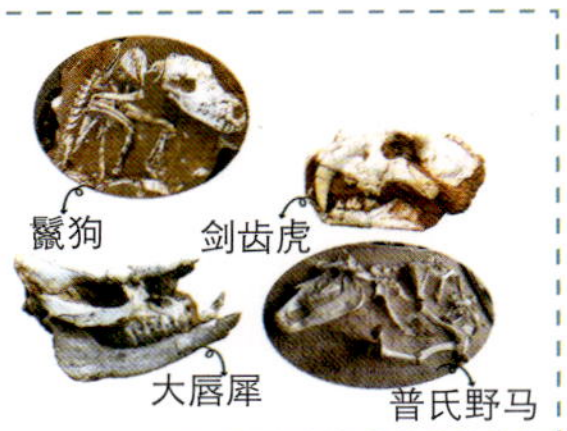

◎哺乳类动物化石（早更新世）

平凉市早更新世午城组地层中赋存大量的大马鹿、鬣狗、大唇犀、野马、羚羊类等哺乳动物化石(距今约2.58百万~0.77百万年)，这些哺乳类动物化石价值极高，保护意义重大。

◎泾川人

“泾川人”化石发现于平凉市泾川县城东南约35千米的泾明镇白家村附近牛角沟(距今约5百万~3万年)，是甘肃境内第一个、也是泾河流域第一个人类化石。

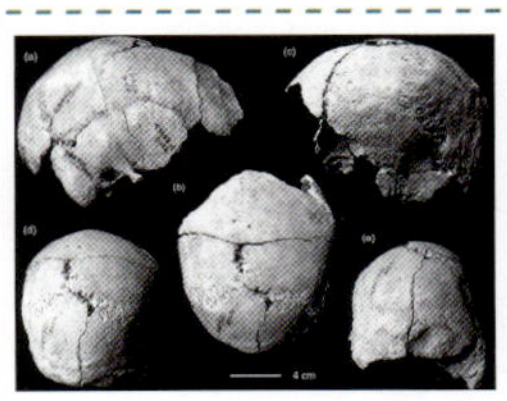

“泾川人”头骨

科普宣传折页（背面）

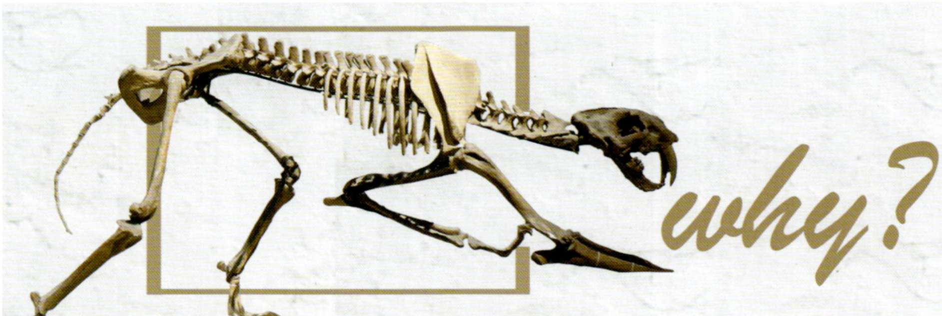

◎ 什么是化石？

简单地说，化石是远古动植物的遗体、遗物与遗迹经过自然界的作用埋在地下，然后又经过长期的地质作用（石化作用）变成了和石头一样的东西，是古代动植物和人类的生命记录。当地俗称龙骨”均为古生物化石。

◎化石形成过程

死亡→埋藏→石化→地壳运动→接近地表→发掘

◎保护古生物化石有何重要意义？

古生物化石是不可再生的自然资源。工业生产和日常生活使用的煤，石油和天然气实际就是一类古生物化石。古生物化石是重塑地球历史的最重要证据，对地球历史阶段的划分主要依据生物的发展演化历程。通过研究化石，人们能够了解地质历史时期的环境面貌，掌握地球环境演变的规律，预测地球环境未来演变的趋势古生物化石是人们正确认识和了解地球上所有生物生存、发展和消亡规律的最好科普教材。古生物化石是带动经济发展，培育新的经济增长点的有效途径，形态美观的古生物化石可以制作成工艺品，具有极高的收藏和观赏价值。重要的古生物化石产地可以作为旅游资源开发建设。

◎化石盗采贩卖的危害

01

造成生态破坏和地质灾害

02

洞内易塌方缺氧危及生命

03

珍贵的化石标本损坏流失

◎ **"保护化石，人人有责。"**

将古生物化石当作"龙骨" 药材滥采乱挖并贩卖谋利属于违法行为，将受到严厉惩处。

◎古生物化石保护法律法规

根据《古生物化石保护条例》第三十六条规定：

单位或个人有下列行为之一的，由县级以上人民政府自然资源主管部门责令停止发掘，限期改正，没收发掘的古生物化石，并处20万元以上50万元以下的罚款；构成违反治安管理行为的，由公安机关依法给予治安管理处罚；构成犯罪的，依法追究刑事责任。

01　未经批准发掘古生物化石的；

02　未按照批准的发掘方案发掘古生物化石的。

◎古生物化石保护法律法规

单位或个人有下列行为之一的，自然资源主管部门给与奖励：

★严格执行国家有关法律法规，在古生物化石保护管理、科学研究、宣传教育等方面作出显著成绩的；

★举报或制止违法犯罪行为，使重点保护古生物化石得到保护的；

★将合法收藏的重点保护古生物化石捐赠给国有收藏单位的；

★发现重点保护古生物化石及时上报或者上交的：

★其他对古生物化石保护工作作出突出贡献的。

警示牌

保护化石靠大家
盗采乱挖毁生态
盗采速报电话：0933-3621600
灵台县自然资源局（宣）
2022年5月
realme Shot on GT Master

宣传牌

古生物化石保护制度
一、《古生物化石保护条例》（2019年3月2日国务院令第709号修订）第三十六条规定：单位或个人有下列行为之一的，由县级以上人民政府自然资源主管部门责令停止发掘，限期改正，没收发掘的古生物化石，并处20万元以上50万元以下的罚款；构成违反治安管理行为的，由公安机关依法给予治安管理处罚；构成犯罪的，依法追究刑事责任。
（一）未经批准发掘古生物化石的；
（二）未按照批准的发掘方案发掘古生物化石的。
二、《古生物化石保护条例》（2019年3月2日国务院令第709号修订）第四十条规定：单位或个人违反规定买卖重点保护古生物化石的，由市场监督管理部门责令限期改正，没收违法所得，并处5万元以上20万元以下的罚款；构成违反治安管理行为的，由公安机关依法给予治安管理处罚；构成犯罪的，依法追究刑事责任。
三、《古生物化石保护条例实施办法》（2019年7月16日自然资源部令第57号第三次修订）第十一条规定：单位或个人有下列行为之一的，由县级以上人民政府自然资源主管部门给予奖励：
（一）严格执行国家有关法律规定，在古生物化石保护管理、科学研究、宣传教育等方面做出显著成绩的；
（二）举报或制止违法犯罪行为，使重点保护古生物化石得到保护的；
（三）将合法收藏的重点保护古生物化石捐赠给国有收藏单位的；
（四）发现重点保护古生物化石及时报告或者上交的；
（五）其他对古生物化石保护工作做出突出贡献的。
平凉市自然资源局（宣）
2022年5月

化石保护管理工作人员培训讲座

化石保护管理工作人员在四川自贡恐龙博物馆参观学习

(4)古生物化石保护工程

为了杜绝盗采盗挖化石现象的再次发生，保护珍贵的化石资源和当地生态环境，封闭化石采洞37处，安装监控摄像头6个，完成恢复治理面积32050m^2。

灵台县梁原乡东门村封闭化石采洞

丨 化石产地监控

丨 化石产地监控画面

崇信县新窑镇化石产地恢复治理过程

崇信县新窑镇化石产地恢复治理效果

后　记

平凉，千万年穿越而来的化石，见证了这块土地，从沧海变为黄土高原的过程，见证了其地质历史时期的沧桑巨变，以及形态各异的生物群落物竞天择的演变。

平凉丰富的化石资源，是大自然留给人类的宝贵遗产。我们期望通过此书，宣传普及保护古生物化石的意义，增强全民保护古生物化石的意识。

本书中，收集了大量珍贵的实物照片、复原图和文献。有的是博物馆提供的，有的是私人藏家提供的，还有些是网站下载的，在此，深表感谢！

编者

2023年12月

参考文献

[1]镇原幅 (I-48-6)泾川幅 (I-48-12)正宁幅 (I-49-1)1/20万区域地质调查报告 ,1979,甘肃省地质局区域地质调查队 .

[2]平凉幅 (I-48-5)1/20万区域地质测量报告 ,1972,地质部甘肃省地质局第二区域地质测量队 .

[3]静宁幅 (I-48-04)1/20万区域地质测量报告 ,1971,地质部甘肃省地质局第二区域地质测量队 .

[4]秦安幅 (I-48-10)1/20万区域地质测量报告 ,1971,地质部甘肃省地质局第二区域地质测量队 .

[5]陇县幅 (I-48-11)1/20万区域地质测量报告 ,1967,地质部陕西地质局区域地质测量队 .

[6]甘肃岩石地层, 1997, 甘肃省地质矿产局 .

[7]甘肃省区域地质志, 1979, 甘肃省地质矿产局地质力学区域测量队 .

[8]静宁县幅 (I48C001003) 1:25万区域地质调查, 2004,甘肃省地调院 .

[9]张玉萍 ,童永生 .甘肃静宁上新世哺乳类化石 [J].古脊椎动物与古人类, 1961, (4):380-384.

[10]张玉萍 ,宗冠福 ,刘玉林 .记甘肃平凉古菱齿象——新种 [J].古脊椎动物与古人类, 1983, 21(1):64-68.

[11]张颖奇 ,郑绍华 ,魏光飚 .甘肃灵台雷家河剖面中鼾类化石与中国鼾类生物年代学进展 [J].第四纪研究 ,2011,31(4):622-635.

[12]张云翔 ,孙东怀 ,安芷生 ,薛祥煦 .甘肃灵台上新世晚期红黏土中的哺乳动物化石 [J].古脊椎动物学报 ,1999,37(3):190-199.

[13]张兆群 ,郑绍华 .甘肃灵台文王沟 (93002地点) 晚中新世——早上新世生物地层 [J].古脊椎动物学报 ,2000,38(4):274-286.

[14]张兆群 ,郑绍华 .甘肃灵台小石沟晚中新世 -上新世小哺乳动物生物地层 [J].古脊椎动物学报 ,2001,39(1):54-66.

[15]李佩贤 ,苏德英 ,李友桂 ,佘静贤 .狼鳍鱼 (*Lycoptera*) 岩层的时代归属 [J].地质学报 ,1994,68(1):85-100.

[16]崔宁 .甘肃灵台雷家河剖面中的日进鼠 (*Chardinomys*) [J].古脊椎动物学报 ,2003,41(4):289-305.

[17]陈冠芳 .甘肃灵台雷家河新第三纪晚期的大哺乳动物组合及其时代 [J].古脊椎动物学报 ,2002,40(1):70-79.

[18]张云翔 ,弓虎军 .甘肃灵台上新世哺乳动物化石埋藏学 [J].古生物学报 ,2003,42(3):460-465.

[19]赵裕亭 .甘肃平凉陕西耀县奥陶纪的笔石 [J].

[20]杨石岭 ,侯圣山 ,王旭　等 .泾川晚第三纪红黏土的磁性地层及其与灵台剖面的对比 [J].第四纪研究 ,2000,20(5):423-434.

[21]谢望原 .盗掘古人类化石、古脊椎动物化石罪探析 [J]法学 ,2003,2:109-114.

[22]刘玉林 ,黄尉文 ,林一璞 .甘肃泾川发现的人类化石和旧石器 [J].人类学学报, 1984, 3(1):11-18.

[23]李海军 ,吴秀杰 ,李盛华 .甘肃泾川更新世晚期人类头骨研究 [J].科学通报 ,2009,54(21):3357-3363.

[24]李海军 ,吴秀杰 .甘肃泾川化石人类头骨性别鉴定 [J].人类学学报 ,2007,26(2):107-115.

[25]平凉境内古生物化石 .陇原文化博览 ,2013.